세상이 변해도
배움의 즐거움은
변함없도록

시대는 빠르게 변해도
배움의 즐거움은
변함없어야 하기에

어제의 비상은
남다른 교재부터
결이 다른 콘텐츠
전에 없던 교육 플랫폼까지

변함없는 혁신으로
교육 문화 환경의 새로운 전형을
실현해왔습니다.

비상은 오늘, 다시 한번
새로운 교육 문화 환경을 실현하기 위한
또 하나의 혁신을 시작합니다.

오늘의 내가 어제의 나를 초월하고
오늘의 교육이 어제의 교육을 초월하여
배움의 즐거움을 지속하는 혁신,

바로, 메타인지 기반 완전 학습을.

상상을 실현하는 교육 문화 기업 비상

메타인지 기반 완전 학습

초월을 뜻하는 meta와 생각을 뜻하는 인지가 결합한 메타인지는
자신이 알고 모르는 것을 스스로 구분하고 학습계획을 세우도록 하는
궁극의 학습 능력입니다. 비상의 메타인지 기반 완전 학습 시스템은
잠들어 있는 메타인지를 깨워 공부를 100% 내 것으로 만들도록 합니다.

4주 완성
2-2 공부 계획표

계획표대로 공부하면 4주 만에 한 학기 내용을 완성할 수 있습니다. 4주 완성에 도전해 보세요.

1주

1. 네 자리 수				2. 곱셈구구
1강 6~13쪽	**2강** 14~17쪽	**3강** 18~21쪽	**4강** 22~27쪽	**5강** 28~35쪽
확인 ☑	확인 ☑	확인 ☑	확인 ☑	확인 ☑

2주

2. 곱셈구구			3. 길이 재기	
6강 36~43쪽	**7강** 44~49쪽	**8강** 50~55쪽	**9강** 56~65쪽	**10강** 66~69쪽
확인 ☑	확인 ☑	확인 ☑	확인 ☑	확인 ☑

3주

3. 길이 재기	4. 시각과 시간			
11강 70~75쪽	**12강** 76~81쪽	**13강** 82~87쪽	**14강** 88~93쪽	**15강** 94~99쪽
확인 ☑	확인 ☑	확인 ☑	확인 ☑	확인 ☑

4주

5. 표와 그래프		6. 규칙 찾기		
16강 100~111쪽	**17강** 112~117쪽	**18강** 118~127쪽	**19강** 128~133쪽	**20강** 134~139쪽
확인 ☑	확인 ☑	확인 ☑	확인 ☑	확인 ☑

교과서 개념 잡기

초등 수학

2·2

2 몇천을 알아볼까요

1 소윤이는 참외 4개를 사려고 합니다. 소윤이가 내야 하는 돈은 얼마인지 알아봅시다.

① 교과서 활동으로 개념을 쉽게 이해해요.

참외 1개
1000원

소윤

(1) 소윤이가 내야 하는 돈을 수 모형으로 나타내려고 합니다. ☐ 안에 알맞은 수를 써넣으세요.

> (참외 1개의 값)＝(천 모형 ☐개)
>
> ⇨ (참외 4개의 값)＝(천 모형 ☐개)

(2) 소윤이가 내야 하는 돈은 얼마일까요?

(   )

(3) 소윤이가 내야 하는 돈을 수직선에 나타내 보세요.

② 한눈에 쏙! 개념을 완벽하게 정리해요.

```
 0   1000  2000  3000  4000  5000  6000  7000  8000  9000
```

· 1000이 4개이면 4000입니다.
· 4000은 사천이라고 읽습니다.

2 7000만큼 색칠해 보고, ☐ 안에 알맞은 수나 말을 써넣어 봅시다.

(1000) (1000) (1000) (1000) (1000) (1000) (1000) (1000) (1000)

1000이 ☐개이면 7000이고, ☐이라고 읽습니다.

수학 익힘 문제 학습

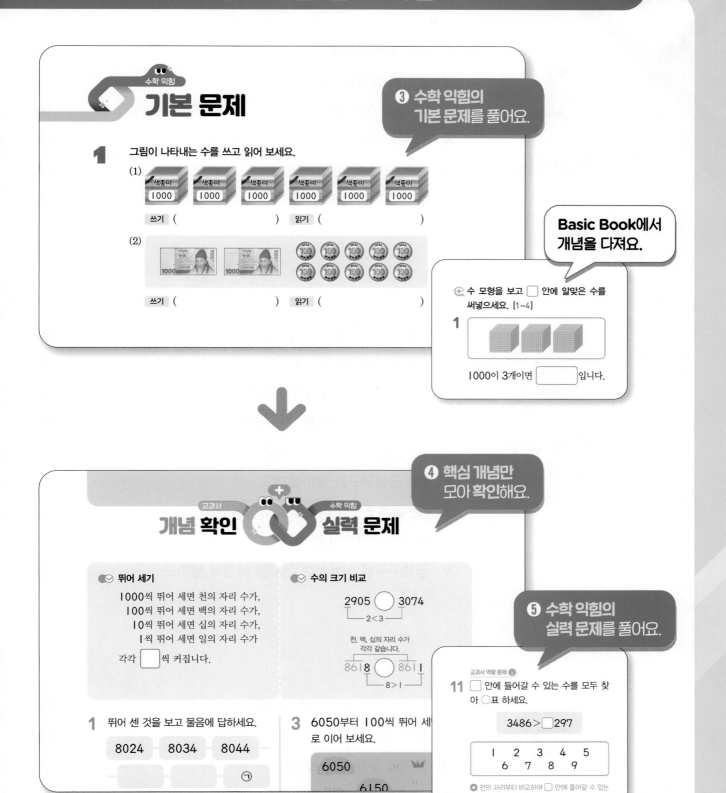

수학 익힘

기본 문제

❸ 수학 익힘의
기본 문제를 풀어요.

1 그림이 나타내는 수를 쓰고 읽어 보세요.

(1)

색종이 1000 색종이 1000 색종이 1000 색종이 1000 색종이 1000 색종이 1000

쓰기 (   ) 읽기 (   )

(2)

1000 1000 100 100 100 100 100
100 100 100 100 100

쓰기 (   ) 읽기 (   )

Basic Book에서
개념을 다져요.

➕ 수 모형을 보고 ☐ 안에 알맞은 수를
써넣으세요. [1~4]

1

1000이 3개이면 ☐입니다.

❹ 핵심 개념만
모아 확인해요.

교과서 **수학 익힘**

개념 확인 ➕ 실력 문제

⏱ **뛰어 세기**

1000씩 뛰어 세면 천의 자리 수가,
100씩 뛰어 세면 백의 자리 수가,
10씩 뛰어 세면 십의 자리 수가,
1씩 뛰어 세면 일의 자리 수가

각각 ☐씩 커집니다.

⏱ **수의 크기 비교**

2905 ◯ 3074
└─ 2<3 ─┘

천, 백, 십의 자리 수가
각각 같습니다.

8618 ◯ 8611
└─ 8>1 ─┘

❺ 수학 익힘의
실력 문제를 풀어요.

교과서 역량 문제 🎯
11 ☐ 안에 들어갈 수 있는 수를 모두 찾
아 ◯표 하세요.

3486 > ☐297

1	2	3	4	5
6	7	8	9	

➕ 천의 자리부터 비교하여 ☐ 안에 들어갈 수 있는
수를 생각해 봅니다.

1 뛰어 센 것을 보고 물음에 답하세요.

8024 8034 8044

◯

3 6050부터 100씩 뛰어 세
로 이어 보세요.

6050

6150

차례

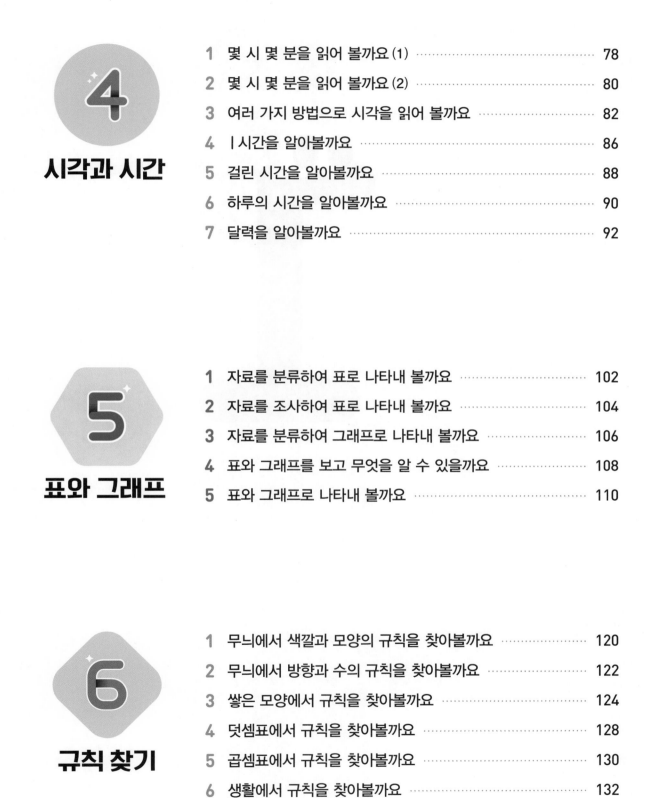

네 자리 수

세 자리 수

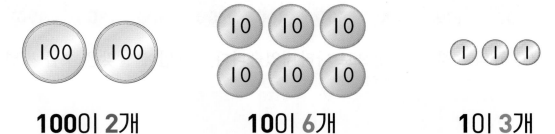

100이 **2**개   **10**이 **6**개   **1**이 **3**개

263 이백육십삼

$$263 = 200 + 60 + 3$$

741과 738의 크기 비교

수	백의 자리	십의 자리	일의 자리
741	7	4	1
738	7	3	8

백의 자리 수가 같습니다.   4 > 3 →

$$741 > 738$$

천을 알아볼까요

1 귤이 한 상자에 100개씩 들어 있습니다. 귤은 모두 몇 개인지 알아봅시다.

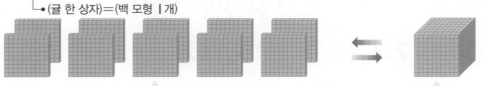

(1) 귤의 수를 수 모형으로 나타내었습니다. ☐ 안에 알맞은 수를 써넣으세요.

●(귤 한 상자)=(백 모형 1개)

귤을 백 모형 ☐개로 나타낼 수 있습니다.

백 모형 10개는 천 모형 ☐개로 바꿀 수 있습니다.

(2) 귤은 모두 몇 개일까요?

(   )

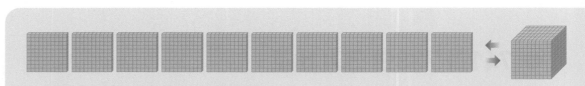

· 100이 10개이면 1000입니다.   · 1000은 천이라고 읽습니다.

2 수 배열표를 이용하여 1000을 알아봅시다.

710	720	730	740	750	760	770	780	790	800
810	820	830	840	850	860	870	880	890	900
910	920	930	940	950	960	970	980	990	1000

(1) 1000은 900보다 ☐ 만큼 더 큰 수입니다.

(2) 1000은 990보다 ☐ 만큼 더 큰 수입니다.

기본 문제

1 그림을 보고 ☐ 안에 알맞은 수나 말을 써넣으세요.

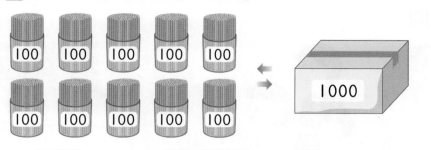

100개씩 ☐ 묶음이면 ☐ 이고, ☐ 이라고 읽습니다.

2 ☐ 안에 알맞은 수를 써넣으세요.

(1)
995   996   997   ☐   999   ☐

(2)
950   ☐   970   ☐   990   ☐

3 수직선을 보고 ☐ 안에 알맞은 수를 써넣으세요.

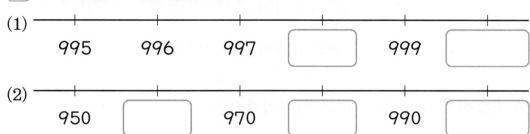

(1) 1000은 800보다 ☐ 만큼 더 큰 수입니다.

(2) 700보다 ☐ 만큼 더 큰 수는 1000입니다.

4 나타내는 수가 1000이 **아닌** 것에 ◯표 하세요.

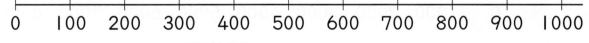

980보다 20만큼 더 큰 수   999보다 1만큼 더 작은 수

(   )   (   )

보충해 봐!
Basic
Book
2쪽

2 몇천을 알아볼까요

1 소윤이는 참외 4개를 사려고 합니다. 소윤이가 내야 하는 돈은 얼마인지 알아봅시다.

(1) 소윤이가 내야 하는 돈을 수 모형으로 나타내려고 합니다. ☐ 안에 알맞은 수를 써넣으세요.

(참외 1개의 값)＝(천 모형 ☐ 개)

⇨ (참외 4개의 값)＝(천 모형 ☐ 개)

(2) 소윤이가 내야 하는 돈은 얼마일까요?

(   )

(3) 소윤이가 내야 하는 돈을 수직선에 나타내 보세요.

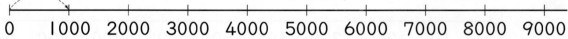

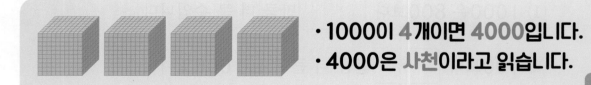

· 1000이 4개이면 4000입니다.
· 4000은 사천이라고 읽습니다.

2 7000만큼 색칠해 보고, ☐ 안에 알맞은 수나 말을 써넣어 봅시다.

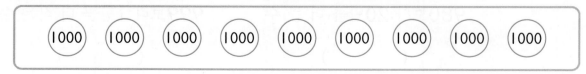

1000이 ☐ 개이면 7000이고, ☐ 이라고 읽습니다.

기본 문제

1 그림이 나타내는 수를 쓰고 읽어 보세요.

(1)

쓰기 (   )   읽기 (   )

(2)

쓰기 (   )   읽기 (   )

2 관계있는 것끼리 선으로 이어 보세요.

| 5000 · | · 1000이 9개인 수 · | · 구천 |
| 9000 · | · 1000이 5개인 수 · | · 오천 |

3 나타내는 수를 ☐ 안에 알맞게 써넣으세요.

(1)

천 모형이
2개 있어.

(2)
천 모형이
8개 있어.

3 네 자리 수를 알아볼까요

1 엽서는 모두 몇 장인지 알아봅시다.

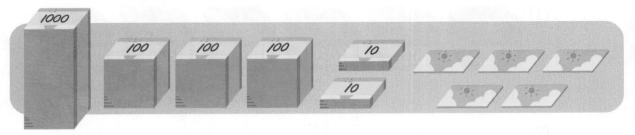

(1) 엽서의 수를 수 모형으로 나타내려고 합니다. ☐ 안에 알맞은 수를 써넣으세요.

천 모형	백 모형	십 모형	일 모형
1000이 ☐ 개	100이 ☐ 개	10이 ☐ 개	1이 ☐ 개

(2) 빈칸에 알맞은 수를 써넣고, 엽서는 모두 몇 장인지 알아보세요.

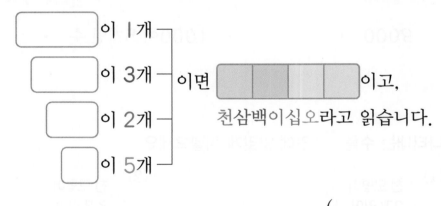

☐ 이 1개
☐ 이 3개
☐ 이 2개
☐ 이 5개
이면 ▯▯▯▯ 이고,
천삼백이십오라고 읽습니다.

(   )

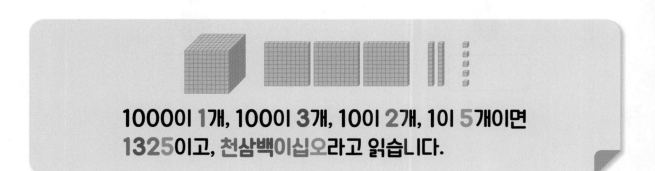

1000이 **1**개, 100이 **3**개, 10이 **2**개, 1이 **5**개이면
1325이고, **천삼백이십오**라고 읽습니다.

기본 문제

▶ 정답과 풀이 **2**쪽

1 ☐ 안에 알맞은 수를 써넣고, 그림이 나타내는 수를 쓰고 읽어 보세요.

(1)

1000이 ☐ 개, 100이 ☐ 개, 10이 ☐ 개, 1이 ☐ 개이면

☐ 이고, ☐ 이라고 읽습니다.

(2)

1000이 ☐ 개, 100이 ☐ 개, 10이 ☐ 개, 1이 ☐ 개이면

☐ 이고, ☐ 라고 읽습니다.

2 2476만큼 묶어 보고, ☐ 안에 알맞은 수를 써넣으세요.

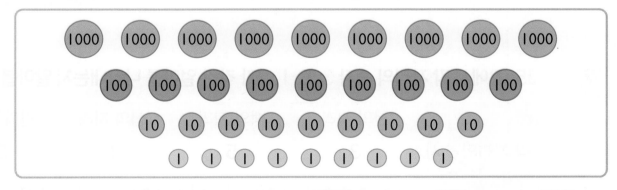

2476 ⇨ 1000이 ☐ 개, 100이 ☐ 개, 10이 ☐ 개, 1이 ☐ 개

보충해 봐!
Basic Book
4쪽

1. 네 자리 수 **13**

4 각 자리의 숫자는 얼마를 나타낼까요

1 2347에서 각 자리의 숫자 2, 3, 4, 7이 각각 얼마를 나타내는지 수 모형으로 알아봅시다.

천 모형	백 모형	십 모형	일 모형
	300		

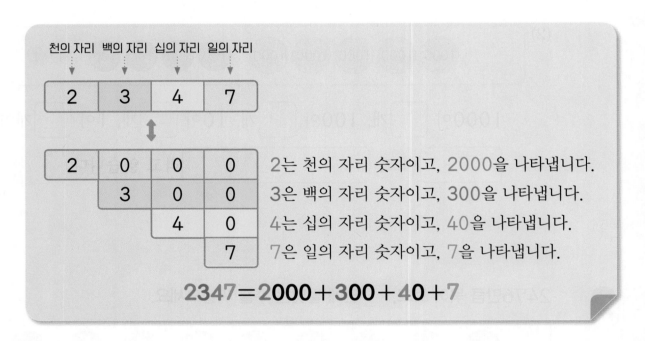

천의 자리 백의 자리 십의 자리 일의 자리

| 2 | 3 | 4 | 7 |

| 2 | 0 | 0 | 0 | 2는 천의 자리 숫자이고, 2000을 나타냅니다.
| | 3 | 0 | 0 | 3은 백의 자리 숫자이고, 300을 나타냅니다.
| | | 4 | 0 | 4는 십의 자리 숫자이고, 40을 나타냅니다.
| | | | 7 | 7은 일의 자리 숫자이고, 7을 나타냅니다.

$$2347 = 2000 + 300 + 40 + 7$$

2 3512에서 각 자리의 숫자 3, 5, 1, 2가 각각 얼마를 나타내는지 알아봅시다.

	천의 자리	백의 자리	십의 자리	일의 자리
각 자리의 숫자	3	5	1	2
나타내는 값	1000이 3개 ⇩ 3000	100이 ☐개 ⇩ 500	10이 ☐개 ⇩ ☐	1이 ☐개 ⇩ 2

| 3 | 5 | 1 | 2 | = | 3000 | + | ☐ | + | ☐ | + | ☐ |

기본 문제

1 수를 보고 ☐ 안에 알맞은 수를 써넣으세요.

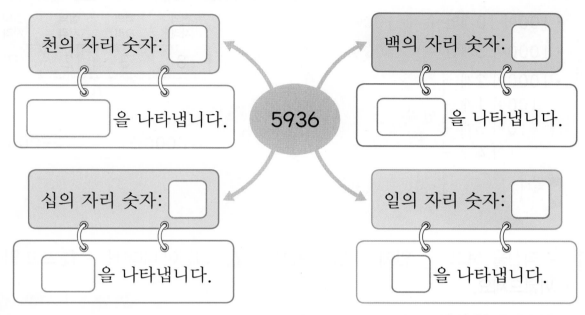

천의 자리 숫자: ☐

☐ 을 나타냅니다.

백의 자리 숫자: ☐

☐ 을 나타냅니다.

5936

십의 자리 숫자: ☐

☐ 을 나타냅니다.

일의 자리 숫자: ☐

☐ 을 나타냅니다.

2 밑줄 친 숫자가 나타내는 수만큼 색칠해 보세요.

2222 → (1000) (1000) (1) (1) (100) (100) (10) (10)

3 백의 자리 숫자가 0인 것을 찾아 ◯표 하세요.

3081   오천백   4790

(   )   (   )   (   )

개념 확인 · 실력 문제

✓ 네 자리 수

- 100이 10개인 수 ⇨ 1000, 천
- 1000이 5개인 수 ⇨ 5000, 오천
- 1000이 2개 ┐
  100이 1개 │
  10이 5개 ├ 인 수
  1이 4개 ┘

  ⇨ [   ], 이천백오십사

✓ 네 자리 수의 자릿값

천의 자리	백의 자리	십의 자리	일의 자리
8	3	2	9

⇩

8329
$=8000+$ [   ] $+20+9$

---

1 수직선을 보고 ☐ 안에 알맞은 수를 써넣으세요.

```
┼──┼──┼──┼──┼──┼
995 996 997 998 999 1000
```

999보다 1만큼 더 큰 수는

[   ] 입니다.

2 수를 바르게 읽은 것을 찾아 선으로 이어 보세요.

2000 ·   · 오천

5000 ·   · 구천

9000 ·   · 이천

3 밑줄 친 숫자는 얼마를 나타내는지 써 보세요.

(1) 61<u>7</u>9 ⇨ (   )

(2) <u>4</u>526 ⇨ (   )

4 그림이 나타내는 수를 쓰고 읽어 보세요.

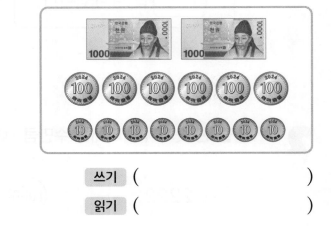

쓰기 (   )

읽기 (   )

5 보기와 같이 빈칸에 알맞은 수를 써넣으세요.

보기

3	7	6	4

$=\boxed{3000}+\boxed{700}+\boxed{60}+\boxed{4}$

7	4	5	2

$=\boxed{7000}+$ [   ] $+\boxed{50}+$ [   ]

교과서 역량 문제 💡

6 1025를 1000, 100, 10, 1 을 이용하여 그림으로 나타내 보세요.

7 백의 자리 숫자가 300을 나타내는 수를 찾아 ◯표 하세요.

3946	8321	5430

(   ) (   ) (   )

8 왼쪽과 오른쪽을 연결하여 1000이 되도록 선으로 이어 보세요.

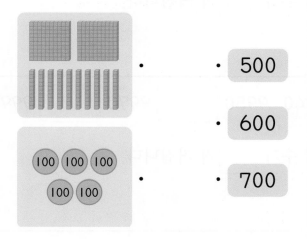

- 500
- 600
- 700

9 십의 자리 숫자가 0인 수를 모두 찾아 기호를 써 보세요.

> ㉠ 1470   ㉡ 육천이백오
> ㉢ 사천십구   ㉣ 9500

(   )

10 친구의 생일 선물로 6000원어치 학용품을 사려고 합니다. 생일 선물을 살 수 있는 방법이 <u>아닌</u> 것을 찾아 기호를 써 보세요.

공책 1권   필통 1개   볼펜 1자루
2000원   5000원   1000원

> ㉠ 볼펜 6자루
> ㉡ 공책 1권과 필통 1개
> ㉢ 필통 1개와 볼펜 1자루

(   )

11 지우개가 한 상자에 100개씩 들어 있습니다. 80상자에 들어 있는 지우개는 모두 몇 개일까요?

➕ 100개씩 10상자에 들어 있는 지우개는 몇 개인지 알아봅니다.

(   )

5 뛰어 세어 볼까요

1 수의 순서를 생각하며 빈칸에 알맞은 수를 써넣어 봅시다.

일의 자리 수가 1씩 커집니다. →

십의 자리 수가 1씩 커집니다. ↓

9971	9972	9973	9974	9975	9976	9977	9978	9979	
9981	9982	9983	9984	9985	9986	9987	9988	9989	
9991	9992	9993	9994	9995	9996				✕

2 수직선에서 1000, 100, 10, 1씩 뛰어 세어 봅시다.

(1) 1000씩 뛰어 세어 보세요.

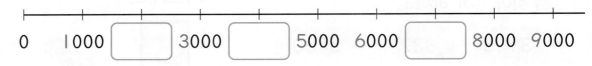

0 1000 [ ] 3000 [ ] 5000 6000 [ ] 8000 9000

⇨ 천의 자리 수가 [ ]씩 커집니다.

(2) 100씩 뛰어 세어 보세요.

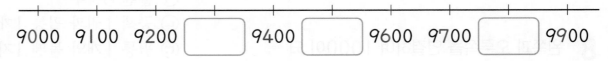

9000 9100 9200 [ ] 9400 [ ] 9600 9700 [ ] 9900

⇨ 백의 자리 수가 [ ]씩 커집니다.

(3) 10씩 뛰어 세어 보세요.

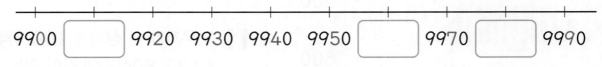

9900 [ ] 9920 9930 9940 9950 [ ] 9970 [ ] 9990

⇨ 십의 자리 수가 [ ]씩 커집니다.

(4) 1씩 뛰어 세어 보세요.

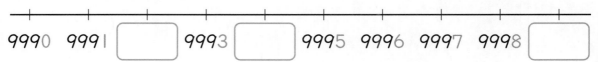

9990 9991 [ ] 9993 [ ] 9995 9996 9997 9998 [ ]

⇨ 일의 자리 수가 [ ]씩 커집니다.

1 빈칸에 알맞은 수를 써넣으세요.

(1) 1000씩 뛰어 세어 보세요.

| 1200 | 2200 | 3200 | | | |

(2) 100씩 뛰어 세어 보세요.

| 5498 | 5598 | | | 5898 | |

(3) 10씩 뛰어 세어 보세요.

| 7070 | 7080 | | | | 7120 |

(4) 1씩 뛰어 세어 보세요.

| 4852 | | 4854 | 4855 | | |

2 몇씩 뛰어 세었는지 알아보세요.

(1)
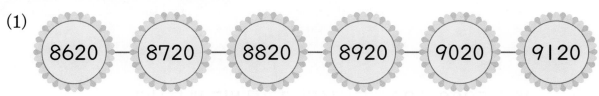

⇨ [ ]씩 뛰어 세었습니다.

(2)
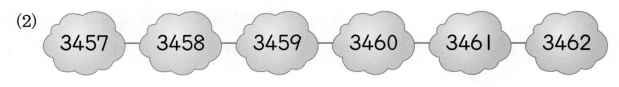

⇨ [ ]씩 뛰어 세었습니다.

보충해 봐!
Basic Book
6쪽

6 수의 크기를 비교해 볼까요

1 두 수 1739와 2156의 크기를 비교해 봅시다.

(1) 빈칸에 알맞은 수를 써넣으세요.

	천의 자리	백의 자리	십의 자리	일의 자리
1739 ⇨	1	7	3	9
2156 ⇨				

(2) 두 수의 크기를 비교하여 ◯ 안에 > 또는 <를 알맞게 써넣으세요.

$$1739 \bigcirc 2156$$

◆ **네 자리 수의 크기를 비교하는 방법**

천의 자리부터 비교하고 천의 자리 수가 같으면 백의 자리, 백의 자리 수가 같으면 십의 자리, 십의 자리 수가 같으면 일의 자리 수를 비교합니다.

예 7429 > 5806   3122 < 3740
   └7>5┘   └1<7┘
   4167 < 4192   8215 > 8213
     └6<9┘   └5>3┘

2 세 수 5800, 4923, 5174의 크기를 비교해 봅시다.

(1) 빈칸에 알맞은 수를 써넣으세요.

	천의 자리	백의 자리	십의 자리	일의 자리
5800 ⇨	5	8	0	0
4923 ⇨	4			3
5174 ⇨	5		7	

(2) 가장 작은 수와 가장 큰 수는 각각 얼마일까요?

가장 작은 수 (   ), 가장 큰 수 (   )

기본 문제

1 빈칸에 알맞은 수를 써넣고, 두 수의 크기를 비교하여 ◯ 안에 > 또는 <를 알맞게 써넣으세요.

	천의 자리	백의 자리	십의 자리	일의 자리
3248 ⇨	3	2		
3290 ⇨	3	2		

3248 ◯ 3290

2 두 수의 크기를 비교하여 ◯ 안에 > 또는 <를 알맞게 써넣으세요.

(1) 1908 ◯ 1820

(2) 4712 ◯ 4717

(3) 2345 ◯ 2381

(4) 6565 ◯ 5656

3 세 수의 크기를 비교하여 가장 작은 수에 ◯표 하세요.

8001	7999	8194
( )	( )	( )

4 수의 크기를 비교하는 방법을 바르게 말한 사람에 ◯표 하세요.

네 자리 수의 크기 비교는 천의 자리부터 차례대로 해야 돼.

 네 자리 수의 크기 비교는 일의 자리부터 차례대로 해야 돼.

( ) ( )

보충해 봐!
Basic Book
7쪽

1. 네 자리 수 **21**

✅ 뛰어 세기

1000씩 뛰어 세면 천의 자리 수가,
100씩 뛰어 세면 백의 자리 수가,
10씩 뛰어 세면 십의 자리 수가,
1씩 뛰어 세면 일의 자리 수가

각각 [ ]씩 커집니다.

✅ 수의 크기 비교

2905 ◯ 3074
└── 2 < 3 ──┘

천, 백, 십의 자리 수가
각각 같습니다.

8618 ◯ 8611
└── 8 > 1 ──┘

1 뛰어 센 것을 보고 물음에 답하세요.

8024	8034	8044
		㉠

(1) 얼마씩 뛰어 센 것일까요?

(   )

(2) ㉠에 알맞은 수를 구해 보세요.

(   )

2 더 큰 수에 ◯표 하세요.

2314   2319

(   ) (   )

3 6050부터 100씩 뛰어 세면서 선으로 이어 보세요.

6050
6150
6450
6350
6250

4 7972부터 10씩 거꾸로 뛰어 세어 보세요.

7972		7952

7942		

5 세 수의 크기를 비교하여 가장 큰 수에 ○표 하세요.

| 5901 | 6199 | 6208 |

6 뛰어 세어 보세요.

| 1453 | 1454 | |

| | 1457 | |

7 승지의 통장에는 9월에 5700원이 있습니다. 10월부터 한 달에 1000원씩 계속 저금한다면 10월, 11월, 12월에는 각각 얼마가 될까요?

10월	11월	12월
원	원	원

8 더 큰 수의 기호를 써 보세요.

┌─────────────────────────┐
│ ㉠ 1000이 6개인 수 │
│ ㉡ 1000이 7개, 100이 10개 │
│   인 수 │
└─────────────────────────┘

(   )

1
단원

4강

9 수 배열표에서 수에 해당하는 글자를 찾아 낱말을 만들어 보세요.

4610	4611	4612	내
4620	실	4622	장
화	복	4632	4633

4621	4613	4630

10 수 카드 4장을 한 번씩만 사용하여 만들 수 있는 네 자리 수 중에서 가장 작은 수는 얼마일까요?

| 2 | 8 | 5 | 3 |

(   )

교과서 역량 문제 💡

11 ☐ 안에 들어갈 수 있는 수를 모두 찾아 ○표 하세요.

┌─────────────────┐
│   3486 > ☐297   │
└─────────────────┘

┌───────────────────────┐
│ 1   2   3   4   5   │
│   6   7   8   9   │
└───────────────────────┘

➕ 천의 자리부터 비교하여 ☐ 안에 들어갈 수 있는 수를 생각해 봅니다.

단원 마무리

1 수직선을 보고 □ 안에 알맞은 수를 써넣으세요.

500 600 700 800 900 1000

600보다 □ 만큼
더 큰 수는 1000입니다.

2 나타내는 수를 쓰고 읽어 보세요.

1000이 8개인 수

쓰기 (　　　　　　　　)

읽기 (　　　　　　　　)

3 수로 나타내 보세요.

칠천삼백오

(　　　　　　　　)

4 5976의 각 자리의 숫자를 빈칸에 써넣으세요.

천의 자리	백의 자리	십의 자리	일의 자리

5 □ 안에 알맞은 수를 써넣으세요.

1000이 6개
100이 1개
10이 9개
1이 3개
　인 수 ⇨ □

6 1000에 대한 설명으로 틀린 것을 찾아 기호를 써 보세요.

ㄱ 100이 9개, 10이 10개인
수입니다.

ㄴ 998보다 2만큼 더 큰 수입
니다.

ㄷ 10이 10개인 수입니다.

(　　　　　　　　)

7 100씩 뛰어 세어 보세요.

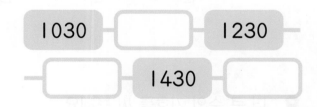

1030 　□　 1230

□ 1430 □

8 수 모형이 나타내는 수를 써 보세요.

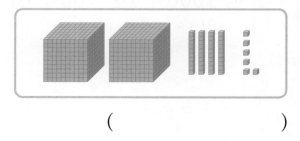

(　　　　　　　　)

▶ 정답과 풀이 **5**쪽

9 두 수의 크기를 비교하여 ◯ 안에 > 또는 <를 알맞게 써넣으세요.

6492 ◯ 6482

10 보기 와 같이 빈칸에 알맞은 수를 써넣으세요.

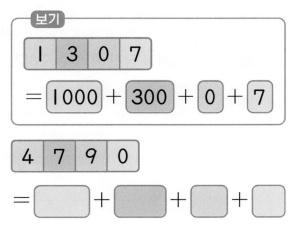

보기

| 1 | 3 | 0 | 7 |

= 1000 + 300 + 0 + 7

| 4 | 7 | 9 | 0 |

= ☐ + ☐ + ☐ + ☐

11 뛰어 세어 보세요.

9284 — 9285 — ☐

☐ — 9288 — ☐

12 왼쪽과 오른쪽을 연결하여 1000이 되도록 선으로 이어 보세요.

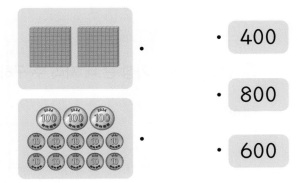

· 400

· 800

· 600

잘 틀리는 문제 🔍

13 숫자 6이 나타내는 값이 가장 큰 수에 ◯표 하세요.

| 5968 | 6074 | 1698 |

( ) ( ) ( )

14 더 작은 수의 기호를 써 보세요.

> ㉠ 1000이 7개인 수
> ㉡ 1000이 5개, 100이 10개인 수

( )

15 세미의 통장에는 4월에 3950원이 있습니다. 5월부터 한 달에 1000원씩 계속 저금한다면 5월, 6월, 7월에는 각각 얼마가 될까요?

5월	6월	7월
원	원	원

1
단원

4강

16 백의 자리 숫자가 2인 수의 기호를 써 보세요.

> ㉠ 칠천이백삼   ㉡ 2529

(   )

17 초콜릿이 한 상자에 100개씩 들어 있습니다. 70상자에 들어 있는 초콜릿은 모두 몇 개일까요?

(   )

잘 틀리는 문제 🔍

18 ☐ 안에 들어갈 수 있는 수를 모두 찾아 ○표 하세요.

> 7394 < ☐102

> 1   2   3   4   5
> 6   7   8   9

19 콩이 한 바구니에 1000개씩 담겨 있습니다. 바구니 5개에 담긴 콩은 모두 몇 개인지 풀이 과정을 쓰고 답을 구해 보세요.

❶ 1000이 5개인 수 알아보기

풀이 _____

❷ 바구니 5개에 담긴 콩의 수 구하기

풀이 _____

답 _____

20 수 카드 4장을 한 번씩만 사용하여 만들 수 있는 네 자리 수 중에서 가장 큰 수는 얼마인지 풀이 과정을 쓰고 답을 구해 보세요.

> 4   2   9   6

❶ 가장 큰 네 자리 수를 만드는 방법 쓰기

풀이 _____

❷ 만들 수 있는 가장 큰 네 자리 수 구하기

풀이 _____

답 _____

▶ 정답 5쪽

화상 통화 디자이너

화상 통화 디자이너는 화상 통화를 할 때, 대화에 집중할 수 있게
같은 공간에 있는 것처럼 느낄 수 있게 하는 기술을 연구해요. 디지털에 대한 관심,
인터넷 의사 소통에 대한 관심이 있는 사람에게 꼭 맞는 직업이에요!

◯ 그림에서 **못, 깃발, 조개, 양초**를 찾아보세요.

곱셈구구

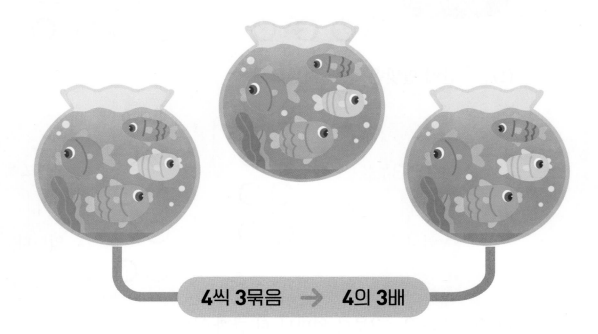

· **4+4+4=12**

· **4×3=12**

· **4 곱하기 3**은 **12**와 같습니다.

· **4**와 **3**의 곱은 **12**입니다.

1

2단 곱셈구구를 알아볼까요

1 자전거가 한 대씩 늘어날수록 바퀴는 몇 개씩 많아지는지 알아봅시다.

자전거 한 대에 바퀴가 2개씩 필요하네.

(1) ☐ 안에 알맞은 수를 써넣으세요.

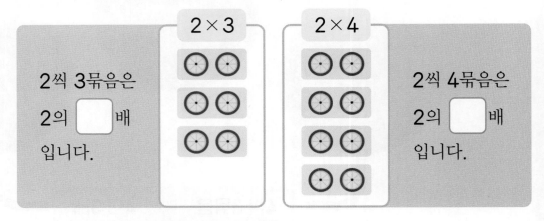

2×3

2씩 3묶음은 2의 ☐ 배 입니다.

2×4

2씩 4묶음은 2의 ☐ 배 입니다.

(2) 2×4는 2×3보다 얼마나 더 클까요?   (   )

(3) 자전거가 한 대씩 늘어날수록 바퀴는 몇 개씩 많아질까요?

(   )

2 2×5를 계산하는 방법을 알아봅시다.

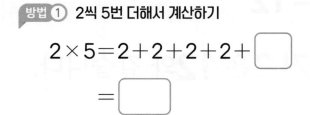

방법 ① 2씩 5번 더해서 계산하기

$2 \times 5 = 2+2+2+2+$ ☐

$=$ ☐

방법 ② 2×4에 2를 더해서 계산하기

$2 \times 4 = 8$

$2 \times 5 =$ ☐ $+$ ☐

◆ **2단 곱셈구구** ⇨ 곱하는 수가 1씩 커지면 그 곱은 2씩 커집니다.

$2 \times 1 = 2$	$2 \times 4 = 8$	$2 \times 7 = 14$
$2 \times 2 = 4$	$2 \times 5 = 10$	$2 \times 8 = 16$
$2 \times 3 = 6$	$2 \times 6 = 12$	$2 \times 9 = 18$

기본 문제

2 단원

5 강

1 풍선은 모두 몇 개인지 알아보려고 합니다. ☐ 안에 알맞은 수를 써넣으세요.

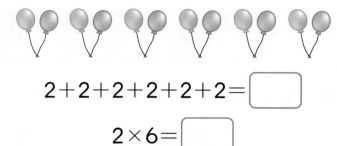

$$2+2+2+2+2+2=\boxed{}$$

$$2\times6=\boxed{}$$

2 구슬은 모두 몇 개인지 곱셈식으로 나타내 보세요.

(1) $2\times\boxed{}=\boxed{}$

(2) $2\times\boxed{}=\boxed{}$

3 ☐ 안에 알맞은 수를 써넣으세요.

(1) $2\times1=\boxed{}$

(2) $2\times5=\boxed{}$

4 2단 곱셈구구의 값을 찾아 선으로 이어 보세요.

2×3 ·   · 18

2×4 ·   · 8

2×9 ·   · 6

낙총해 봐!

Basic
Book
8쪽

2 5단 곱셈구구를 알아볼까요

1 쟁반이 한 개씩 늘어날수록 귤은 몇 개씩 많아지는지 알아봅시다.

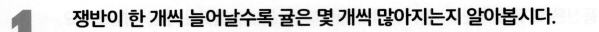

(1) 빈 곳에 ◯를 그려서 5×3을 완성해 보세요.

(2) 5×3은 5×2보다 얼마나 더 클까요? ( )

(3) 쟁반이 한 개씩 늘어날수록 귤은 몇 개씩 많아질까요?

( )

2 5×4를 계산하는 방법을 알아봅시다.

방법① 5씩 4번 더해서 계산하기

$$5 \times 4 = 5 + 5 + 5 + \boxed{}$$
$$= \boxed{}$$

방법② 5×3에 5를 더해서 계산하기

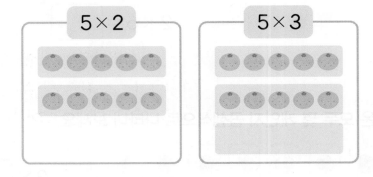

$$5 \times 3 = 15$$
$$5 \times 4 = \boxed{} + \boxed{}$$

◆ **5단 곱셈구구** ⇨ 곱하는 수가 1씩 커지면 그 곱은 5씩 커집니다.

5×1=5	5×4=20	5×7=35
5×2=10	5×5=25	5×8=40
5×3=15	5×6=30	5×9=45

▶ 정답과 풀이 **6**쪽

1 감은 모두 몇 개인지 곱셈식으로 나타내 보세요.

$5 \times \boxed{} = \boxed{}$

2 5개씩 묶고, 곱셈식으로 나타내 보세요.

(1)
$$5 \times \boxed{} = \boxed{}$$

(2)
$$5 \times \boxed{} = \boxed{}$$

3 5×9를 계산하는 방법을 알아보려고 합니다. ☐ 안에 알맞은 수를 써넣으세요.

(1) 5×9는 5씩 $\boxed{}$ 번을 더해서 계산할 수 있습니다.

(2) 5×9는 5×8에 $\boxed{}$ 를 더해서 계산할 수 있습니다.

4 ☐ 안에 알맞은 수를 써넣으세요.

(1) $5 \times 2 = \boxed{}$ (2) $5 \times 5 = \boxed{}$

3 3단, 6단 곱셈구구를 알아볼까요

1 3단 곱셈구구를 알아봅시다.

(1) 구슬이 한 줄씩 늘어날 때마다 구슬은 몇 개씩 많아질까요?

3×1 ⬜⬜⬜   ⬜⬜⬜ 3×2 ⬜⬜⬜

(   )

(2) 3×4를 계산하는 방법을 알아보세요.

방법 ① 3씩 4번을 더해서 계산하기

$$3 \times 4 = 3 + 3 + 3 + \boxed{} = \boxed{}$$

방법 ② 3×3에 3을 더해서 계산하기

$$3 \times 3 = 9$$
$$3 \times 4 = \boxed{} + \boxed{}$$

◆ **3단 곱셈구구** ➪ 곱하는 수가 1씩 커지면 그 곱은 3씩 커집니다.

$3 \times 1 = 3$	$3 \times 4 = 12$	$3 \times 7 = 21$
$3 \times 2 = 6$	$3 \times 5 = 15$	$3 \times 8 = 24$
$3 \times 3 = 9$	$3 \times 6 = 18$	$3 \times 9 = 27$

2 6단 곱셈구구를 알아봅시다.

(1) 6×4는 6×3보다 얼마나 더 클까요? (   )

(2) 6×3을 계산하는 방법을 알아보세요.

방법 ① 6×2에 6을 더해서 계산하기

$$6 \times 2 = 12$$
$$6 \times 3 = \boxed{} + \boxed{}$$

방법 ② 묶는 방법을 다르게 하여 계산하기

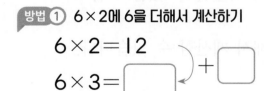

$$6 \times 3 = \boxed{} \qquad 3 \times 6 = \boxed{}$$

◆ **6단 곱셈구구** ➪ 곱하는 수가 1씩 커지면 그 곱은 6씩 커집니다.

$6 \times 1 = 6$	$6 \times 4 = 24$	$6 \times 7 = 42$
$6 \times 2 = 12$	$6 \times 5 = 30$	$6 \times 8 = 48$
$6 \times 3 = 18$	$6 \times 6 = 36$	$6 \times 9 = 54$

기본 문제

▶ 정답과 풀이 **6쪽**

1 구슬은 모두 몇 개인지 곱셈식으로 나타내 보세요.

(1)

$3 \times \boxed{} = \boxed{}$

(2)

$3 \times \boxed{} = \boxed{}$

2 필통 한 개에 연필이 6자루씩 있습니다. 연필은 모두 몇 자루인지 곱셈식으로 나타내 보세요.

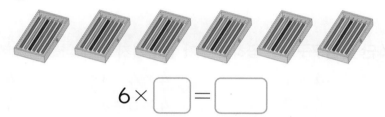

$6 \times \boxed{} = \boxed{}$

3 수직선을 보고 ☐ 안에 알맞은 수를 써넣으세요.

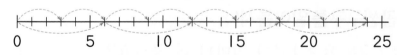

(1) $3 \times 6 = \boxed{}$ (2) $3 \times 8 = \boxed{}$

(3) $6 \times 3 = \boxed{}$ (4) $6 \times 4 = \boxed{}$

4 3단과 6단 곱셈구구를 바르게 나타낸 것에 ◯표 하세요.

$3 \times 3 = 3$ $6 \times 2 = 12$

(   )   (   )

보충해 봐!
Basic
Book
10쪽

4 4단, 8단 곱셈구구를 알아볼까요

1 4단 곱셈구구를 알아봅시다.

(1) 지우개가 한 줄씩 늘어날 때마다 지우개는 몇 개씩 많아질까요?

4×1 4×2

(　　　　　　　　)

(2) 4×3을 계산하는 방법을 알아보세요.

방법① 4씩 3번을 더해서 계산하기

$$4 \times 3 = 4 + 4 + \boxed{} = \boxed{}$$

방법② 4×2에 4를 더해서 계산하기

$$4 \times 2 = 8$$
$$4 \times 3 = \boxed{} \, + \boxed{}$$

◆ **4단 곱셈구구** ⇨ 곱하는 수가 1씩 커지면 그 곱은 4씩 커집니다.

$4 \times 1 = 4$	$4 \times 4 = 16$	$4 \times 7 = 28$
$4 \times 2 = 8$	$4 \times 5 = 20$	$4 \times 8 = 32$
$4 \times 3 = 12$	$4 \times 6 = 24$	$4 \times 9 = 36$

2 8단 곱셈구구를 알아봅시다.

(1) 8×2는 8×1보다 얼마나 더 클까요?   (　　　　　　　　)

(2) 8×3을 계산하는 방법을 알아보세요.

방법① 8×2에 8을 더해서 계산하기

$$8 \times 2 = 16$$
$$8 \times 3 = \boxed{} \, + \boxed{}$$

방법② 묶는 방법을 다르게 하여 계산하기

$8 \times 3 = \boxed{}$ $3 \times 8 = \boxed{}$

◆ **8단 곱셈구구** ⇨ 곱하는 수가 1씩 커지면 그 곱은 8씩 커집니다.

$8 \times 1 = 8$	$8 \times 4 = 32$	$8 \times 7 = 56$
$8 \times 2 = 16$	$8 \times 5 = 40$	$8 \times 8 = 64$
$8 \times 3 = 24$	$8 \times 6 = 48$	$8 \times 9 = 72$

기본 문제

● 정답과 풀이 **7**쪽

1 양파는 모두 몇 개인지 곱셈식으로 나타내 보세요.

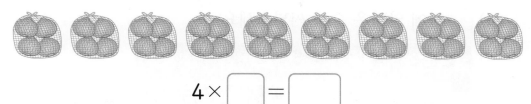

$$4 \times \boxed{} = \boxed{}$$

2 문어의 다리는 8개입니다. 문어 다리는 모두 몇 개인지 곱셈식으로 나타내 보세요.

$$8 \times \boxed{} = \boxed{}$$

3 곱셈식을 보고 접시에 ◯를 알맞게 그려 보세요.

$$4 \times 5 = 20$$

4 ☐ 안에 알맞은 수를 써넣으세요.

(1) $4 \times 4 = \boxed{}$

(2) $4 \times 7 = \boxed{}$

(3) $8 \times 5 = \boxed{}$

(4) $8 \times 8 = \boxed{}$

보충해 봐!
Basic
Book
11쪽

5 7단 곱셈구구를 알아볼까요

1 토끼가 이동한 거리를 알아봅시다.

(1) ☐ 안에 알맞은 수를 써넣으세요.

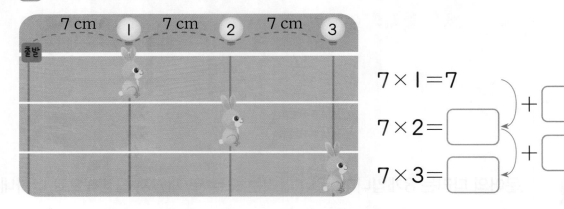

$7 \times 1 = 7$

$7 \times 2 = \boxed{}$

$7 \times 3 = \boxed{}$

$\left. \begin{array}{c} \end{array} \right\} + \boxed{}$

$+ \boxed{}$

(2) 움직인 거리가 한 칸씩 늘어날수록 토끼가 이동한 거리는 몇 cm 늘어날까요?

(   )

(3) 토끼가 ⑤ 까지 움직였다면 이동한 거리는 몇 cm인지 구해 보세요.

> 토끼가 ⑤ 까지 움직이려면 ③ 에서 7 cm씩 2칸을 더 가야 합니다.
>
> ⇨ $21 + \boxed{} + \boxed{} = \boxed{}$ (cm)

2 7×4를 계산하는 방법을 알아봅시다.

방법 ① 7×3에 7을 더해서 계산하기

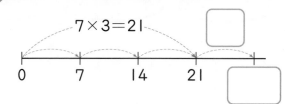

$7 \times 3 = 21$

0   7   14   21

$\boxed{}$

$\boxed{}$

방법 ② 4씩 7묶음으로 바꾸어 계산하기

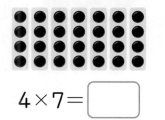

$4 \times 7 = \boxed{}$

◆ **7단 곱셈구구** ⇨ 곱하는 수가 1씩 커지면 그 곱은 7씩 커집니다.

$7 \times 1 = 7$	$7 \times 4 = 28$	$7 \times 7 = 49$
$7 \times 2 = 14$	$7 \times 5 = 35$	$7 \times 8 = 56$
$7 \times 3 = 21$	$7 \times 6 = 42$	$7 \times 9 = 63$

2
단원

6강

1 수직선을 보고 ☐ 안에 알맞은 수를 써넣으세요.

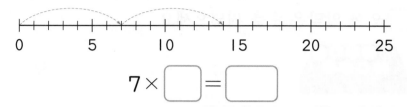

$7 \times \boxed{} = \boxed{}$

2 사과는 모두 몇 개인지 곱셈식으로 나타내 보세요.

$7 \times \boxed{} = \boxed{}$

3 ☐ 안에 알맞은 수를 써넣으세요.

(1) $7 \times 8 = \boxed{}$ (2) $7 \times 7 = \boxed{}$

4 7단 곱셈구구의 값을 찾아 선으로 이어 보세요.

7×9 ·   · 63

7×3 ·   · 35

7×5 ·   · 21

보충해 봐!
Basic
Book
12쪽

6 9단 곱셈구구를 알아볼까요

1 탁구공이 한 상자에 9개씩 들어 있습니다. 탁구공의 수를 알아봅시다.

(1) ☐ 안에 알맞은 수를 써넣으세요.

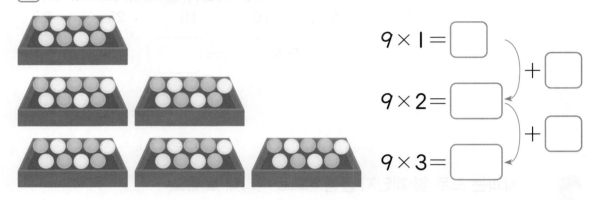

$9 \times 1 =$ ☐
$9 \times 2 =$ ☐
$9 \times 3 =$ ☐

$+$ ☐
$+$ ☐

(2) 상자가 한 개씩 늘어날수록 탁구공은 몇 개씩 늘어날까요?

( )

(3) 상자 4개에 들어 있는 탁구공은 모두 몇 개일까요?

( )

2 9×5를 계산하는 방법을 알아봅시다.

방법 ① 9 × 4에 9를 더해서 계산하기

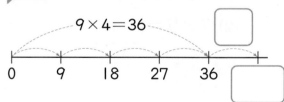

$9 \times 4 = 36$

0   9   18   27   36

방법 ② 9 × 2와 9 × 3을 더해서 계산하기

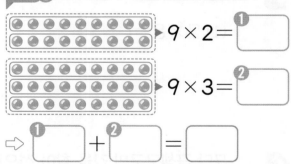

$9 \times 2 =$ ☐①

$9 \times 3 =$ ☐②

⇨ ①☐ $+$ ②☐ $=$ ☐

◆ **9단 곱셈구구** ⇨ 곱하는 수가 1씩 커지면 그 곱은 9씩 커집니다.

$9 \times 1 = 9$	$9 \times 4 = 36$	$9 \times 7 = 63$
$9 \times 2 = 18$	$9 \times 5 = 45$	$9 \times 8 = 72$
$9 \times 3 = 27$	$9 \times 6 = 54$	$9 \times 9 = 81$

기본 문제

1 과자는 모두 몇 개인지 곱셈식으로 나타내 보세요.

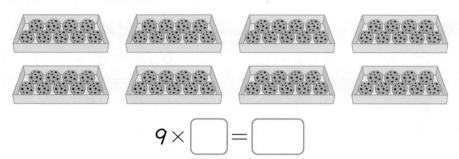

$$9 \times \boxed{} = \boxed{}$$

2 개미가 이동한 거리는 몇 cm인지 곱셈식으로 나타내 보세요.

(1) 9 cm 9 cm 9 cm 🐜 $9 \times \boxed{} = \boxed{}$ (cm)

(2) 9 cm 9 cm 9 cm 9 cm 9 cm 9 cm 🐜 $9 \times \boxed{} = \boxed{}$ (cm)

3 ☐ 안에 알맞은 수를 써넣으세요.

(1) $9 \times 1 = \boxed{}$ (2) $9 \times 4 = \boxed{}$

4 9단 곱셈구구의 값을 찾아 선으로 이어 보세요.

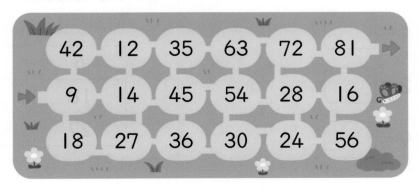

42	12	35	63	72	81
9	14	45	54	28	16
18	27	36	30	24	56

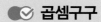
✔️ 곱셈구구

2단	3단	6단	9단
$2 \times 1 = 2$	$3 \times 1 = 3$	$6 \times 1 = 6$	$9 \times 1 = 9$
$2 \times 2 = 4$	$3 \times 2 = 6$	$6 \times 2 = 12$	$9 \times 2 = 18$
$2 \times 3 = 6$	$3 \times 3 = 9$	$6 \times 3 = 18$	$9 \times 3 = 27$
$2 \times 4 = 8$	$3 \times 4 = 12$	$6 \times 4 = 24$	$9 \times 4 = 36$
$2 \times 5 = 10$	$3 \times 5 = 15$	$6 \times 5 = 30$	$9 \times 5 = 45$
$2 \times 6 = 12$	$3 \times 6 = 18$	$6 \times 6 = 36$	$9 \times 6 = 54$
$2 \times 7 = 14$	$3 \times 7 = 21$	$6 \times 7 = 42$	$9 \times 7 = 63$
$2 \times 8 = 16$	$3 \times 8 = 24$	$6 \times 8 = 48$	$9 \times 8 = 72$
$2 \times 9 = 18$	$3 \times 9 = 27$	$6 \times 9 = 54$	$9 \times 9 = 81$

| 곱하는 수가 1씩 커지면 | 곱은 2씩 커집니다. | 곱하는 수가 1씩 커지면 | 곱은 3씩 커집니다. | 곱하는 수가 1씩 커지면 | 곱은 6씩 커집니다. | 곱하는 수가 1씩 커지면 | 곱은 ☐씩 커집니다. |

1 ☐ 안에 알맞은 수를 써넣으세요.

(1) $2 \times 1 = \boxed{}$

(2)  $2 \times 2 = \boxed{}$

2 ☐ 안에 알맞은 수를 써넣으세요.

(1) $5 \times 4 = \boxed{}$

(2) $7 \times 2 = \boxed{}$

(3) $8 \times 9 = \boxed{}$

3 곱셈식을 수직선에 나타내고, ☐ 안에 알맞은 수를 써넣으세요.

$$3 \times 5 = \boxed{}$$

0　　　5　　　10　　　15　　　20

4 6단 곱셈구구의 값을 모두 찾아 색칠 해 보세요.

6	14	42
18	30	53
27	52	54

5 곱의 크기를 비교하여 ◯ 안에 >, =, <를 알맞게 써넣으세요.

$$9 \times 5 \bigcirc 7 \times 7$$

6 야구공이 모두 몇 개인지 알아보려고 합니다. <u>잘못된</u> 방법을 찾아 기호를 써 보세요.

> ㉠ 8씩 2번 더합니다.
> ㉡ 8×4의 곱으로 구합니다.
> ㉢ 4씩 4번 더합니다.
> ㉣ 4×3에 4를 더합니다.

(   )

7 2×7은 2×5보다 얼마나 더 큰지 ◯를 그려서 나타내고, ▢ 안에 알맞은 수를 써넣으세요.

2×5

2×7

> 2×7은 2×5보다 2씩
>
> ▢ 묶음이 더 많으므로
>
> ▢ 만큼 더 큽니다.

8 블록 한 개의 길이는 7 cm입니다. 블록 5개의 길이는 몇 cm일까요?

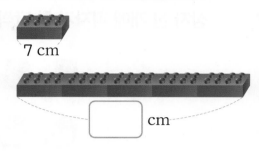
7 cm

▢ cm

2 단원 6 강

9 축구공이 24개 있습니다. ▢ 안에 알맞은 수를 써넣으세요.

$$3 \times \boxed{} = 24 \quad 6 \times \boxed{} = 24$$

교과서 역량 문제 💡

10 보기와 같이 수 카드를 모두 한 번씩만 사용하여 ▢ 안에 알맞은 수를 써넣으세요.

> 보기
>
> **1** **2** **3**
>
> $$4 \times \boxed{3} = \boxed{1}\,\boxed{2}$$

3 **6** **9**

$$4 \times \boxed{} = \boxed{}\,\boxed{}$$

➕ 4×▢에서 ▢ 안에 작은 수부터 차례대로 넣어서 계산해 봅니다.

① 1단 곱셈구구와 0의 곱을 알아볼까요

1 상자 한 개에 피자가 한 판씩 들어 있습니다. 피자의 수를 알아봅시다.

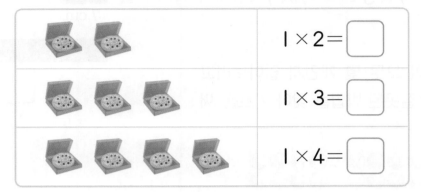

	$1 \times 2 = \boxed{}$
	$1 \times 3 = \boxed{}$
	$1 \times 4 = \boxed{}$

◆ **1단 곱셈구구** ⇨ 1단 곱셈구구에서 곱하는 수와 곱이 서로 같습니다.

1단 곱셈표

×	1	2	3	4	5	6	7	8	9
1	1	2	3	4	5	6	7	8	9

2 준우가 화살 5개를 쐈습니다. 준우가 얻은 점수를 알아봅시다.

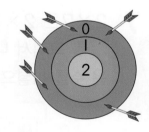

(1) ☐ 안에 알맞은 수를 써넣으세요.

과녁에 적힌 수	0	1	2
맞힌 화살(개)	5	0	0
점수(점)	$0 \times 5 = \boxed{}$	$1 \times 0 = 0$	$2 \times \boxed{} = \boxed{}$

(2) 준우가 얻은 점수는 모두 몇 점일까요?　　　　　(　　　　　　　　　)

◆ **0의 곱**
- 0과 어떤 수의 곱은 0입니다. ⇨ 0 × (어떤 수) = 0
- 어떤 수와 0의 곱은 0입니다. ⇨ (어떤 수) × 0 = 0

기본 문제

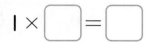

▶ 정답과 풀이 **8**쪽

1 상자 한 개에 장난감이 1개씩 들어 있습니다. 장난감은 모두 몇 개인지 곱셈식으로 나타내 보세요.

$1 \times \boxed{} = \boxed{}$

2 물고기는 모두 몇 마리인지 곱셈식으로 나타내 보세요.

$0 \times \boxed{} = \boxed{}$

3 ☐ 안에 알맞은 수를 써넣으세요.

(1) $1 \times 7 = \boxed{}$

(2) $1 \times 4 = \boxed{}$

(3) $0 \times 2 = \boxed{}$

(4) $5 \times 0 = \boxed{}$

4 곱셈을 이용하여 빈칸에 알맞은 수를 써넣으세요.

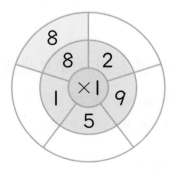

보충해 봐!
Basic
Book
14쪽

8 곱셈표를 만들어 볼까요

1 곱셈표를 만들어 보고 곱셈구구를 살펴봅시다.

×	0	1	2	3	4	5	6	7	8	9
0	0	0	0	0			0	0	0	0
1	0	1	2	3			6	7	8	9
2	0	2	4	6	8	10	12	14		18
3	0		9	12	15	18	21	24	27	
4	0			12	16	20	24			36
5	0	5	10	15	20	25	30	35	40	
6	0	6	12			30	36	42	48	
7	0	7	14	21	28	35	42	49	56	
8	0	8		24	32	40	48	56	64	72
9	0	9	18	27	36				72	81

세로줄(↓)과 가로줄(→)의 수가 만나는 칸에 두 수의 곱을 써넣어요!

(1) 빈칸에 알맞은 수를 써넣어 곱셈표를 완성해 보세요.

(2) 곱셈표를 보고 ☐ 안에 알맞은 수를 써넣으세요.

> • 4단 곱셈구구는 곱이 ☐씩 커집니다.
>
> • 5단 곱셈구구는 곱의 일의 자리 숫자가 ☐, ☐(으)로 반복됩니다.

(3) 위의 곱셈표에서 점선(----)을 따라 접었을 때 만나는 수는 같습니까? 다릅니까?

(   )

(4) 2×8과 8×2의 곱을 비교해 보세요.

$2 \times 8 = \boxed{}$ $8 \times 2 = \boxed{}$

➡ 2×8과 8×2의 곱은 (같습니다 , 다릅니다).

▶ 정답과 풀이 **8**쪽

🔍 곱셈표를 보고 물음에 답하세요. [**1**~**2**]

×	2	4	6	8
2		8		16
4	8		24	
6		24		
8			48	64

1 빈칸에 알맞은 수를 써넣어 곱셈표를 완성해 보세요.

2 곱셈표에서 4 × 6과 곱이 같은 곱셈구구를 찾아 써 보세요.

( )

3 곱셈표에서 ■와 곱이 같은 곱셈구구를 찾아 ●표 하세요.

×	5	6	7	8	9
5					
6					
7	■				
8					
9					

보충해 봐!
Basic Book
15쪽

9 곱셈구구를 이용하여 문제를 해결해 볼까요

1 곱셈구구를 이용하여 고양이의 수를 구해 봅시다.

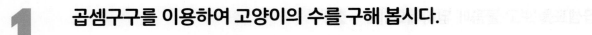

(1) 2단 곱셈구구를 이용하여 고양이의 수를 구해 보세요.

$$2 \times \boxed{} = \boxed{} \text{(마리)}$$

(2) 5단 곱셈구구를 이용하여 고양이의 수를 구해 보세요.

$$\boxed{} \times \boxed{} = \boxed{} \text{(마리)}$$

2 곱셈구구를 이용하여 인형의 수를 두 가지 방법으로 알아봅시다.

(1) 인형을 두 묶음으로 나누어 인형의 수를 구해 보세요.

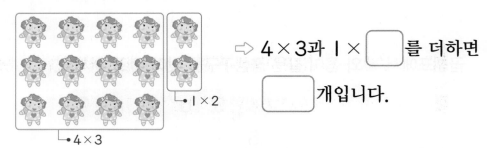

⇨ 4×3과 $1 \times \boxed{}$ 를 더하면

$\boxed{}$ 개입니다.

(2) 빈 곳에도 인형이 있다고 예상하여 인형의 수를 구해 보세요.

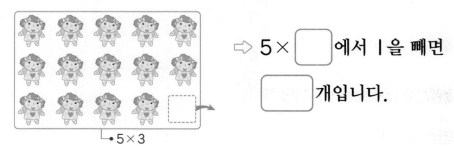

⇨ $5 \times \boxed{}$ 에서 1을 빼면

$\boxed{}$ 개입니다.

기본 문제

1 연필 한 자루의 길이는 9 cm입니다. 연필 4자루의 길이는 몇 cm일까요?

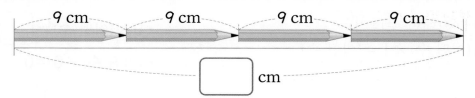

☐ cm

2 곱셈구구를 이용하여 지우개의 수를 구해 보세요.

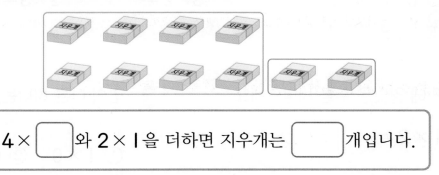

$4 \times$ ☐ 와 2×1 을 더하면 지우개는 ☐ 개입니다.

3 3명씩 앉을 수 있는 의자가 있습니다. 의자 7개에는 모두 몇 명이 앉을 수 있을까요?

( )

4 꽃병 한 개에 꽃이 5송이 있습니다. 꽃병 6개에 있는 꽃은 모두 몇 송이일까요?

( )

보충해 봐!
Basic
Book
16쪽

☑ 1단 곱셈구구

- 1×(어떤 수)=1
- (어떤 수)×1=(어떤 수)

☑ 0의 곱

- 0×(어떤 수)=$\boxed{}$
- (어떤 수)×0=0

☑ 곱셈표

×	0	1	2	3
0	0	0	0	0
1	0	1	2	3
2	0	2	4	6
3	0	3	6	9

- ■단 곱셈구구에서는 곱이 ■씩 커집니다.
- 곱셈구구에서 곱하는 두 수의 순서를 바꾸어도 곱은 같습니다.

$3 \times 2 = \boxed{}$ $2 \times 3 = \boxed{}$

1 $\boxed{}$ 안에 알맞은 수를 써넣으세요.

(1) $1 \times 2 = \boxed{}$

(2) $1 \times 5 = \boxed{}$

3 곱이 <u>다른</u> 하나는 어느 것일까요?

(   )

① 1×0 ② 0×5 ③ 2×0
④ 1×1 ⑤ 0×1

2 빈칸에 알맞은 수를 써넣으세요.

4 상자 한 개에 반지가 1개씩 들어 있습니다. 반지는 모두 몇 개인지 곱셈식으로 나타내 보세요.

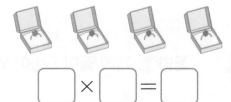

$\boxed{} \times \boxed{} = \boxed{}$

5 지유의 나이는 **9**살입니다. 지유 어머니의 연세는 지유의 나이의 **5**배입니다. 지유 어머니의 연세는 몇 세일까요?

식 _____

답 _____

🔍 **곱셈표를 보고 물음에 답하세요. [6 ~ 7]**

×	3	4	5	6	7	8
3	9	12		18		24
4	12			24	28	
5		20	25		35	40
6	18	24	30	36	42	
7	21		35	42		56
8	24	32	40		56	

6 빈칸에 알맞은 수를 써넣어 곱셈표를 완성해 보세요.

7 곱셈표에서 3 × 8과 곱이 같은 곱셈구구를 모두 찾아 써 보세요.

(   )

8 곱셈구구를 이용하여 모형의 수를 구해 보세요.

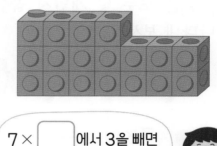

7 × ☐ 에서 3을 빼면

모형은 ☐ 개입니다.

9 우주가 바구니에서 공을 꺼내어 공에 적힌 수만큼 점수를 얻는 놀이를 하였습니다. 표를 완성하고, 우주가 얻은 점수는 모두 몇 점인지 구해 보세요.

공에 적힌 수	0	2
꺼낸 횟수(번)	2	3
점수(점)		

(   )

교과서 역량 문제 💡

10 어떤 수인지 구해 보세요.

- 7단 곱셈구구의 수입니다.
- 짝수입니다.
- 십의 자리 숫자는 5입니다.

➕ 7단 곱셈구구의 수를 먼저 찾아봅니다.

(   )

단원 마무리

1 구슬은 모두 몇 개인지 곱셈식으로 나타내 보세요.

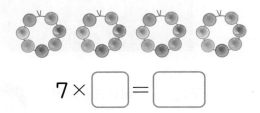

$$7 \times \boxed{} = \boxed{}$$

2 곱셈식을 보고 접시에 ◯를 그려 보세요.

$$2 \times 3 = 6$$

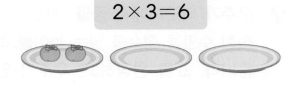

3 ☐ 안에 알맞은 수를 써넣으세요.

$$9 \times 5 = \boxed{}$$

4 밤은 모두 몇 개인지 곱셈식으로 나타내 보세요.

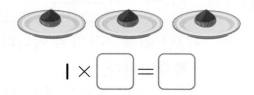

$$1 \times \boxed{} = \boxed{}$$

5 ☐ 안에 알맞은 수를 써넣으세요.

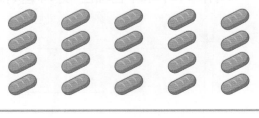

4×5는 4×4보다 ☐ 만큼 더 큽니다.

6 8단 곱셈구구의 곱이 <u>아닌</u> 것은 어느 것일까요? ( )

① 32   ② 72   ③ 42
④ 56   ⑤ 16

7 곱이 같은 것끼리 선으로 이어 보세요.

3×8 ·   · 4×3

2×6 ·   · 6×4

8 7단 곱셈구구의 값을 모두 찾아 색칠해 보세요.

21	35	28	49
14	36	64	56
10	18	32	42
20	44	25	63

▶ 정답과 풀이 **9**쪽

점수 확인

9 빈칸에 알맞은 수를 써넣어 곱셈표를 완성해 보세요.

×	3	6	9
3			
6		36	
9			

잘 틀리는 문제 🔍

10 자동차는 모두 몇 대인지 2가지 곱셈식으로 나타내 보세요.

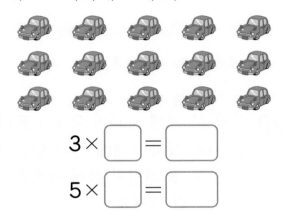

$3 \times \boxed{} = \boxed{}$

$5 \times \boxed{} = \boxed{}$

11 사탕의 수를 구해 보세요.

$2 \times \boxed{}$ 와 $1 \times \boxed{}$ 을 더하면 사탕은 $\boxed{}$ 개입니다.

12 블록 한 개의 길이는 3 cm입니다. 블록 7개의 길이는 몇 cm일까요?

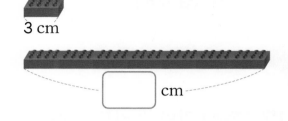

3 cm

$\boxed{}$ cm

2 단원

8 강

➕ 곱셈표를 보고 물음에 답하세요. [13~15]

×	4	5	6	7	8
4		20	24		32
5	20		30	35	
6	24			36	48
7	28	35		49	
8		40	48		64

13 빈칸에 알맞은 수를 써넣어 곱셈표를 완성해 보세요.

14 5단 곱셈구구는 곱이 몇씩 커질까요?

( )

15 곱셈표에서 8 × 6과 곱이 같은 곱셈구구를 찾아 써 보세요.

( )

16 연우는 하루에 책을 5쪽씩 읽었습니다. 연우는 8일 동안 책을 모두 몇 쪽 읽었을까요?

(   )

17 보기 와 같이 수 카드를 모두 한 번씩만 사용하여 ☐ 안에 알맞은 수를 써넣으세요.

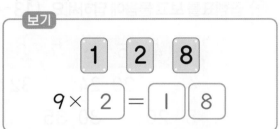

18 진희가 공을 꺼내어 공에 적힌 수만큼 점수를 얻는 놀이를 하였습니다. 표를 완성하고, 진희가 얻은 점수는 모두 몇 점인지 구해 보세요.

공에 적힌 수	0	1	2
꺼낸 횟수(번)	3	1	2
점수(점)			

(   )

19 7×6을 계산하려고 합니다. 2가지 방법으로 설명해 보세요.

방법 1 ＿＿＿＿＿＿＿＿＿＿＿＿

＿＿＿＿＿＿＿＿＿＿＿＿＿＿

방법 2 ＿＿＿＿＿＿＿＿＿＿＿＿

20 상자 한 개에 사과가 9개씩 들어 있습니다. 상자 4개에 들어 있는 사과는 모두 몇 개인지 풀이 과정을 쓰고 답을 구해 보세요.

❶ 문제에 알맞은 식 구하기

풀이 ＿＿＿＿＿＿＿＿＿＿＿＿

＿＿＿＿＿＿＿＿＿＿＿＿＿＿

❷ 상자 4개에 들어 있는 사과의 수 구하기

풀이 ＿＿＿＿＿＿＿＿＿＿＿＿

답 ＿＿＿＿＿＿＿＿＿＿＿＿

채팅 로봇 전문가

채팅 로봇 전문가는 로봇이 사람과 대화할 수 있도록
로봇을 교육하고, 훈련시키는 일을 해요.
뛰어난 소통 능력을 가진 사람, 복잡한 문제 해결력을 갖춘 사람에게 꼭 맞는 직업이에요!

○ 그림을 색칠하며 '채팅 로봇 전문가'라는 직업을 상상해 보세요.

3

길이 재기

의 길이 → **1 cm, 1 센티미터**

1 cm가 5번 → **5 cm**

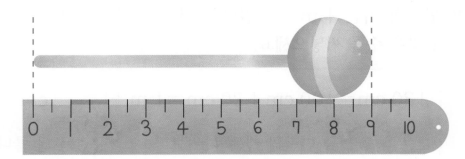

막대 사탕의 길이: **9 cm**

1 cm보다 더 큰 단위를 알아볼까요

1 **자동차의 길이를 어떻게 재면 좋을지 알아봅시다.**

자동차의 길이를
cm 단위로 재기에는
너무 긴데…….

자동차의 길이를 cm 단위로 재려면 여러 번 재야 해서 불편합니다.
⇨ 길이가 긴 물건이나 거리를 잴 때에 cm보다 더 (큰 , 작은) 단위를
사용하면 편리합니다.

| **100 cm=1 m** | 쓰기 | ①②③ m | 읽기 | 미터 |

참고 Ⅰ m는 Ⅰ cm를 Ⅰ00번 이은 길이, Ⅰ0 cm를 Ⅰ0번 이은 길이와 같습니다.

2 **Ⅰ m가 넘는 길이를 알아봅시다.**

(1) 민지의 키는 몇 cm일까요?

(   )

민지

(2) 민지의 키는 Ⅰ m보다 얼마나 더 큰지 ☐ 안에
알맞은 수를 써넣으세요.

Ⅰ30 cm＝Ⅰ00 cm＋30 cm＝Ⅰ m＋☐ cm＝Ⅰ m 30 cm

⇨ 민지의 키는 Ⅰ m보다 ☐ cm 더 큽니다.

Ⅰ m보다 30 cm 더 깁니다.•

Ⅰ30 cm=1 m 30 cm

쓰기 Ⅰ m 30 cm   읽기 Ⅰ 미터 30 센티미터

정답과 풀이 **10쪽**

기본 문제

1 ☐ 안에 알맞은 수를 써넣으세요.

(1) 100 cm = ☐ m

(2) 5 m = ☐ cm

(3) 234 cm = ☐ m ☐ cm

(4) 7 m 85 cm = ☐ cm

2 같은 길이끼리 선으로 이어 보세요.

615 cm ·   · 6 m 10 cm

605 cm ·   · 6 m 5 cm

610 cm ·   · 6 m 15 cm

3 더 긴 길이에 ◯표 하세요.

370 cm   3 m 7 cm

(   )   (   )

4 cm와 m 중 알맞은 단위를 ☐ 안에 써넣으세요.

(1) 필통의 길이는 약 15 ☐ 입니다.

(2) 방문의 높이는 약 2 ☐ 입니다.

보충해 봐! Basic Book 17쪽

자로 길이를 재어 볼까요

1 줄자와 곧은 자로 각각 어떤 물건의 길이를 잴 수 있을지 알아봅시다.

줄자

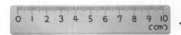
곧은 자

(1) 길이가 짧고, 곧은 물건의 길이를 잴 때 편리한 것은 (줄자 , 곧은 자)입니다.

(2) 길이가 길고, 잘 휘어져서 공, 나무의 둘레 등 둥근 부분이 있는 물건의 길이를 잴 때 편리한 것은 (줄자 , 곧은 자)입니다.

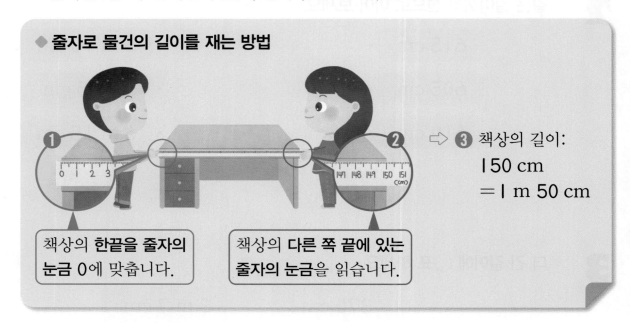

◆ 줄자로 물건의 길이를 재는 방법

① 책상의 한끝을 줄자의 눈금 0에 맞춥니다.

② 책상의 다른 쪽 끝에 있는 줄자의 눈금을 읽습니다.

③ 책상의 길이:
150 cm
= 1 m 50 cm

2 칠판 긴 쪽의 길이를 줄자로 재어 봅시다.

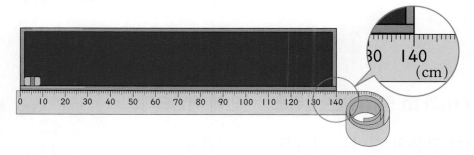

(1) 칠판의 오른쪽 끝에 있는 눈금은 [ ]입니다.

(2) 칠판 긴 쪽의 길이는 140 cm = [ ] m [ ] cm입니다.

기본 문제

1 거실 긴 쪽의 길이를 재는 데 알맞은 자에 ◯표 하세요.

(   )   (   )

2 서랍장의 길이를 두 가지 방법으로 나타내 보세요.

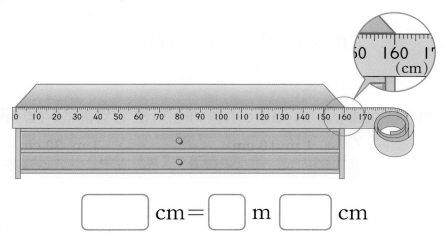

◻ cm = ◻ m ◻ cm

3 한 줄로 놓인 물건들의 길이를 자로 재었습니다. 전체 길이는 몇 m 몇 cm일까요?

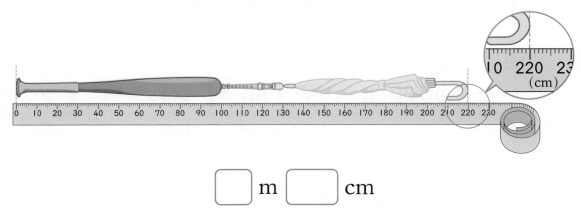

◻ m ◻ cm

보충해 봐!
Basic Book
18쪽

3 길이의 합을 구해 볼까요

1 길이가 1 m 10 cm인 색 테이프와 1 m 30 cm인 색 테이프를 이은 길이를 구해 봅시다.

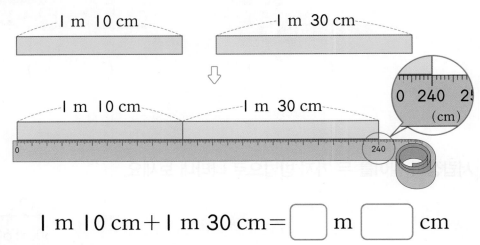

$$1\ m\ 10\ cm + 1\ m\ 30\ cm = \boxed{}\ m\ \boxed{}\ cm$$

2 1 m 10 cm + 1 m 30 cm를 계산하는 방법을 알아봅시다.

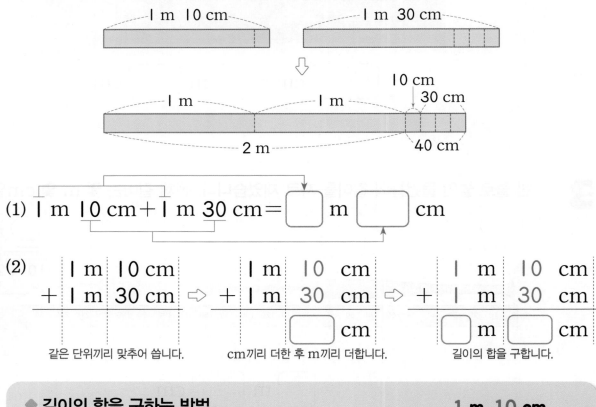

(1) $1\ m\ 10\ cm + 1\ m\ 30\ cm = \boxed{}\ m\ \boxed{}\ cm$

(2)

	1 m	10 cm			1 m	10 cm			1	m	10	cm
+	1 m	30 cm	⇨	+	1 m	30 cm	⇨	+	1	m	30	cm
						☐ cm				☐ m	☐	cm

같은 단위끼리 맞추어 씁니다.　　cm끼리 더한 후 m끼리 더합니다.　　길이의 합을 구합니다.

◆ **길이의 합을 구하는 방법**

길이의 합은 m는 m끼리, cm는 cm끼리 더하여 구합니다.

$$\begin{array}{r} 1\ m\ 10\ cm \\ +\ 1\ m\ 30\ cm \\ \hline 2\ m\ 40\ cm \end{array}$$

기본 문제

1 그림을 보고 ☐ 안에 알맞은 수를 써넣으세요.

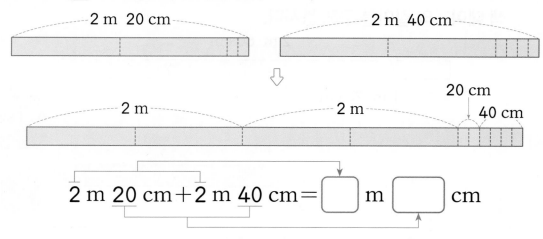

$$2 \text{ m } 20 \text{ cm} + 2 \text{ m } 40 \text{ cm} = \boxed{} \text{ m } \boxed{} \text{ cm}$$

2 길이의 합을 구해 보세요.

(1)
```
   7 m   20 cm
+  2 m   60 cm
```
☐ m ☐ cm

(2)
```
   1 m   64 cm
+  3 m    5 cm
```
☐ m ☐ cm

(3) 6 m 30 cm + 4 m 18 cm = ☐ m ☐ cm

(4) 1 m 76 cm + 10 m 2 cm = ☐ m ☐ cm

3 두 나무 막대의 길이의 합은 몇 m 몇 cm일까요?

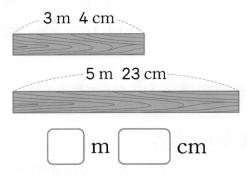

☐ m ☐ cm

보충해 봐!
Basic Book
19쪽

3. 길이 재기 **63**

ㄴ 길이의 차를 구해 볼까요

1 길이가 2 m 60 cm인 색 테이프 중에서 1 m 20 cm만큼 자르고 남은 색 테이프의 길이를 구해 봅시다.

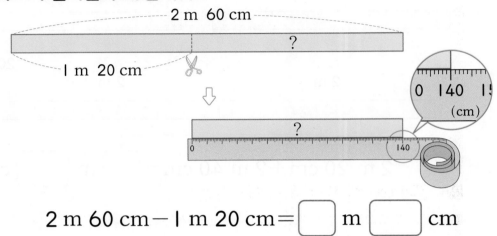

$$2\ m\ 60\ cm - 1\ m\ 20\ cm = \boxed{}\ m\ \boxed{}\ cm$$

2 2 m 60 cm − 1 m 20 cm를 계산하는 방법을 알아봅시다.

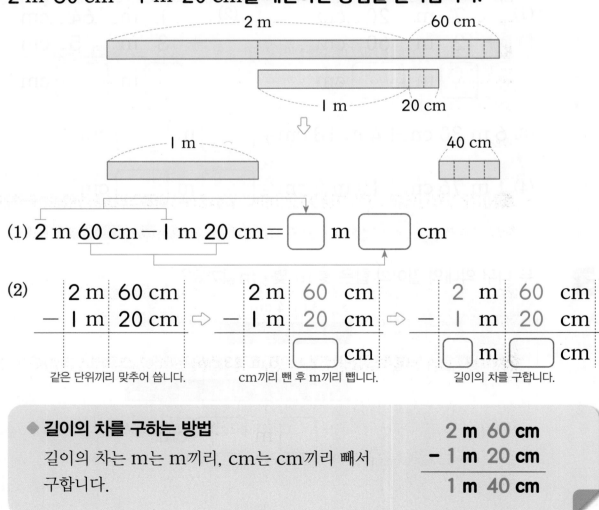

(1) $2\ m\ \underline{60\ cm} - 1\ m\ \underline{20\ cm} = \boxed{}\ m\ \boxed{}\ cm$

(2)

	2 m	60 cm			2 m	60 cm			2 m	60 cm
−	1 m	20 cm	⇨	−	1 m	20 cm	⇨	−	1 m	20 cm
						□ cm			□ m	□ cm

같은 단위끼리 맞추어 씁니다.   cm끼리 뺀 후 m끼리 뺍니다.   길이의 차를 구합니다.

◆ **길이의 차를 구하는 방법**

길이의 차는 m는 m끼리, cm는 cm끼리 빼서 구합니다.

$$\begin{array}{r} 2\ m\ \ 60\ cm \\ -\ 1\ m\ \ 20\ cm \\ \hline 1\ m\ \ 40\ cm \end{array}$$

1 그림을 보고 ☐ 안에 알맞은 수를 써넣으세요.

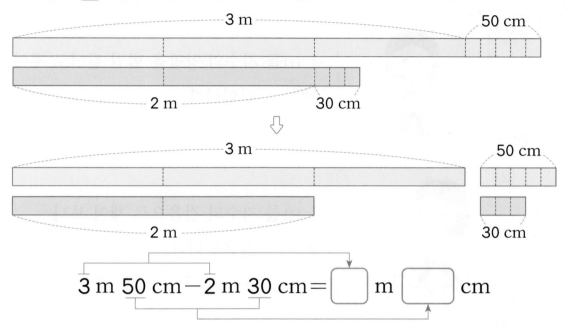

$$3 \text{ m } 50 \text{ cm} - 2 \text{ m } 30 \text{ cm} = \boxed{} \text{ m } \boxed{} \text{ cm}$$

2 길이의 차를 구해 보세요.

(1)
$$\begin{array}{r} 8 \text{ m } \quad 40 \text{ cm} \\ - \ 3 \text{ m } \quad 10 \text{ cm} \\ \hline \boxed{} \text{ m } \boxed{} \text{ cm} \end{array}$$

(2)
$$\begin{array}{r} 10 \text{ m } \quad 86 \text{ cm} \\ - \ 6 \text{ m } \quad 4 \text{ cm} \\ \hline \boxed{} \text{ m } \boxed{} \text{ cm} \end{array}$$

(3) $9 \text{ m } 52 \text{ cm} - 7 \text{ m } 11 \text{ cm} = \boxed{} \text{ m } \boxed{} \text{ cm}$

(4) $15 \text{ m } 78 \text{ cm} - 12 \text{ m } 3 \text{ cm} = \boxed{} \text{ m } \boxed{} \text{ cm}$

3 두 색 테이프의 길이의 차는 몇 m 몇 cm일까요?

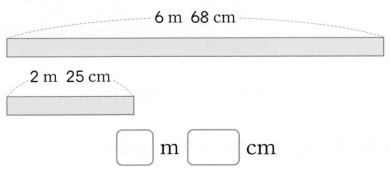

$$\boxed{} \text{ m } \boxed{} \text{ cm}$$

보충해 봐!
Basic
Book
20쪽

5 길이를 어림해 볼까요 (1)

1 지수의 몸의 부분으로 1 m를 재어 봅시다.

(1)

1 m를 지수의 양팔을 벌린 길이로 재어 보니
약 ☐ 번입니다.

(2)

1 m를 지수의 걸음으로 재어 보니
약 ☐ 걸음입니다.

(3)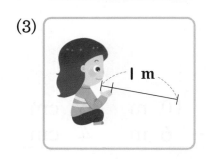

1 m를 지수의 뼘으로 재어 보니
약 ☐ 뼘입니다.

2 현우의 양팔을 벌린 길이로 소파의 길이를 어림해 봅시다.

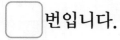 1 m로 ■번이면 ■ m예요.

(1) 소파의 길이는 현우의 양팔을 벌린 길이로 약 ☐ 번입니다.

(2) 현우의 양팔을 벌린 길이가 약 1 m일 때 소파의 길이는 약 ☐ m입니다.

1 유리는 발 길이로 리본의 길이를 재었습니다. 리본의 길이가 1 m일 때 1 m는 유리의 발 길이로 약 몇 번일까요?

약 ☐ 번

2 슬아의 양팔을 벌린 길이가 약 1 m라면 시소의 길이는 약 몇 m일까요?

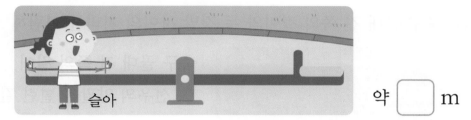

약 ☐ m

3 진수의 두 걸음이 1 m라면 책장의 길이는 약 몇 m인지 ☐ 안에 알맞은 수를 써넣으세요.

(1) 책장의 길이는 진수의 걸음으로 약 ☐ 걸음입니다.

(2) 책장의 길이는 약 ☐ m입니다.

4 길이가 1 m보다 긴 것에 ◯표 하세요.

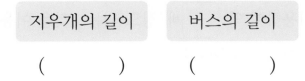

지우개의 길이	버스의 길이
( )	( )

보충해 봐!
Basic
Book
21쪽

6 길이를 어림해 볼까요 (2)

1 선우와 민희는 출발선에서부터 10 m인 거리를 어림하였습니다.
선우는 축구 골대 긴 쪽의 길이를 이용하였고, 민희는 두 깃발 사이의 거리를
이용하였습니다. 물음에 답해 봅시다.

(1) 축구 골대 긴 쪽의 길이와 두 깃발 사이의 거리를 어림해 보세요.

축구 골대 긴 쪽의 길이
⇨ 선우의 양팔을 벌린 길이로
약 5번이므로 약 ☐ m입니다.

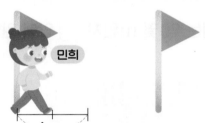

두 깃발 사이의 거리
⇨ 민희의 걸음으로 약 4번이므로
약 ☐ m입니다.

(2) 선우와 민희가 출발선에서부터 10 m인 거리를 어림한 것입니다.
☐ 안에 알맞은 수를 써넣으세요.

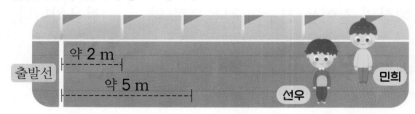

선우가 어림한 10 m 거리	민희가 어림한 10 m 거리
축구 골대 긴 쪽의 길이가 약 5 m인 것을 이용하여 약 ☐ 배 정도 되는 거리로 어림하였습니다.	두 깃발 사이의 거리가 약 2 m인 것을 이용하여 약 ☐ 배 정도 되는 거리로 어림하였습니다.

1 길이가 Ⅰ m인 색 테이프로 긴 줄의 길이를 어림하였습니다. 줄의 길이는 약 몇 m일까요?

Ⅰ m 색 테이프

약 ☐ m

2 알맞은 길이를 골라 문장을 완성해 보세요.

| Ⅰ m |
| 2 m |
| 5 m |
| 10 m |

(1) 지팡이의 길이는 약 ☐ 입니다.

(2) 2층 건물의 높이는 약 ☐ 입니다.

(3) 교실 긴 쪽의 길이는 약 ☐ 입니다.

3 공연 무대의 길이는 약 몇 m일까요?

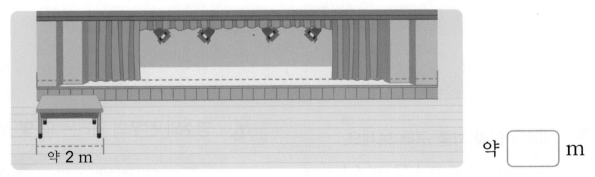

약 2 m

약 ☐ m

4 길이가 Ⅰ0 m보다 긴 것에 ◯표 하세요.

Ⅰ0층 건물의 높이   침대 긴 쪽의 길이

(   )   (   )

복습해 봐!
Basic
Book
22쪽

cm보다 더 큰 단위

• 100 cm = 1 □ (1 미터)

• 120 cm = 1 m 20 cm(1 미터 20 센티미터)

줄자로 물건의 길이를 재는 방법

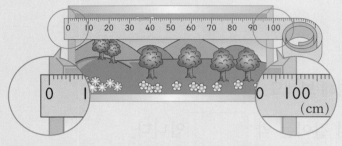

❶ 물건의 한끝을 줄자의 눈금 0에 맞춥니다.

❷ 물건의 다른 쪽 끝에 있는 줄자의 눈금을 읽습니다. ⇨ 액자의 길이: 100 cm = 1 m

길이의 합과 차

m는 m끼리, cm는 cm끼리 계산합니다.

```
    1  m   20   cm
+   2  m   50   cm
─────────────────
    3  m  □    cm
```

```
    3  m   50   cm
−   1  m   10   cm
─────────────────
   □ m   40   cm
```

1 수납장의 길이는 몇 m 몇 cm일까요?

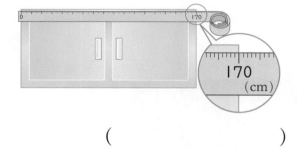

( )

2 길이의 합과 차를 구해 보세요.

(1) 2 m 16 cm + 7 m 41 cm

= □ m □ cm

(2) 9 m 77 cm − 3 m 32 cm

= □ m □ cm

3 밑줄 친 길이를 바르게 고쳐 보세요.

| 5 m 27 cm = 527 cm | 9 m 1 cm = 91 cm |

( )

4 명수와 진우의 거리는 약 몇 m일까요?

앞 사람과의 간격이 1 m씩 되게 줄을 서세요.

명수   진우

약 □ m

5 희수는 선을 따라 굴렁쇠를 굴렸습니다. 출발점에서 도착점까지 굴렁쇠가 굴러 간 거리는 몇 m 몇 cm일까요?

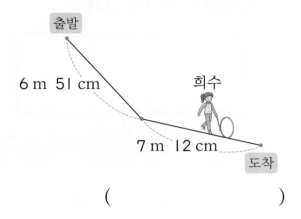

(   )

6 가장 짧은 길이를 말한 사람은 누구일까요?

- 동희: 7 m 43 cm
- 하늘: 750 cm
- 민하: 7 m 8 cm

(   )

7 길이가 10 m보다 긴 것을 모두 찾아 기호를 써 보세요.

㉠ 책 10권을 이어 놓은 길이
㉡ 2학년 학생 20명이 팔을 벌린 길이
㉢ 기차의 길이

(   )

8 길이가 8 m 97 cm인 막대를 두 도막으로 잘랐더니 한 도막의 길이가 4 m 73 cm였습니다. 다른 한 도막의 길이는 몇 m 몇 cm일까요?

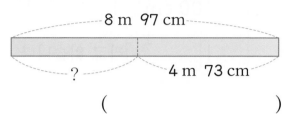

(   )

9 수 카드 3장을 한 번씩만 사용하여 가장 긴 길이를 만들어 보세요.

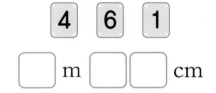

☐ m ☐☐ cm

교과서 역량 문제 💡

10 더 짧은 길이를 어림한 사람은 누구일까요?

➕ 유라의 두 걸음이 약 1 m이므로 8걸음일 때 약 몇 m인지 구해 봅니다.

(   )

단원 마무리

1 ☐ 안에 알맞게 써넣으세요.

100 cm는 1 ☐ 와 같고

1 ☐ 라고 읽습니다.

2 ☐ 안에 알맞은 수를 써넣으세요.

802 cm = ☐ m ☐ cm

3 길이의 차를 구해 보세요.

```
    3 m   90 cm
-   1 m   20 cm
─────────────────
    ☐ m   ☐ cm
```

4 같은 길이끼리 선으로 이어 보세요.

600 cm	·	·	4 m
100 cm	·	·	6 m
400 cm	·	·	1 m

5 텔레비전 긴 쪽의 길이를 두 가지 방법으로 나타내 보세요.

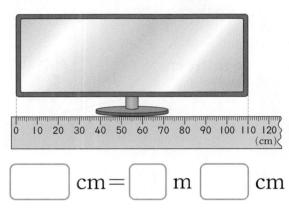

☐ cm = ☐ m ☐ cm

🔍 **길이의 합과 차를 구해 보세요. [6~7]**

6 2 m 53 cm + 1 m 31 cm

= ☐ m ☐ cm

7 7 m 84 cm − 4 m 22 cm

= ☐ m ☐ cm

8 두 나무 막대의 길이의 합은 몇 m 몇 cm일까요?

2 m 72 cm

4 m 3 cm

(☐)

▶ 정답과 풀이 **12**쪽

점수   확인

9 트럭의 길이는 약 몇 m일까요?

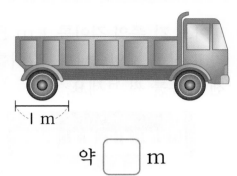

약 ☐ m

10 길이를 잘못 나타낸 것을 찾아 기호를 써 보세요.

> ㉠ 300 cm = 3 m
> ㉡ 240 cm = 2 m 4 cm
> ㉢ 6 m 5 cm = 605 cm

(   )

11 진우의 두 걸음이 1 m라면 화단 긴 쪽의 길이는 약 몇 m일까요?

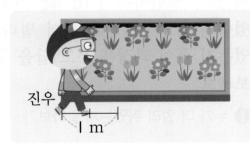

진우

약 ☐ m

12 알맞은 길이를 골라 문장을 완성해 보세요.

> 1 m   5 m   10 m

아빠 기린의 키는 약 ☐ 입니다.

13 길이가 1 m보다 긴 것을 모두 찾아 기호를 써 보세요.

> ㉠ 아파트의 높이
> ㉡ 젓가락의 길이
> ㉢ 교실 문의 높이
> ㉣ 연필의 길이

(   )

잘 틀리는 문제 🔍

14 두 길이의 합과 차는 각각 몇 m 몇 cm일까요?

| 5 m 45 cm | 3 m 12 cm |

합 (   )

차 (   )

15 끈을 가연이는 8 m 24 cm, 효재는 4 m 52 cm 가지고 있습니다. 가연이와 효재가 가지고 있는 끈의 길이의 합은 몇 m 몇 cm일까요?

(   )

16 준상이는 길이가 7 m 35 cm인 철사를 가지고 있었습니다. 그중에서 2 m 15 cm만큼 잘라서 사용했다면 남은 철사는 몇 m 몇 cm일까요?

(   )

17 수 카드 3장을 한 번씩만 사용하여 가장 짧은 길이를 만들어 보세요.

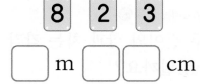

[   ] m [   ][   ] cm

잘 틀리는 문제 🔍

18 더 긴 길이를 어림한 사람은 누구일까요?

내 양팔을 벌린 길이가 약 1 m인데 5번 잰 길이가 신발장의 길이와 같았어.

내 7뼘이 약 1 m인데 냉장고의 높이가 14뼘과 같았어.

지효   윤기

(   )

💬 서술형 문제

19 피아노 긴 쪽의 길이를 1 m 50 cm라고 잘못 재었습니다. 길이를 잘못 잰 이유를 써 보세요.

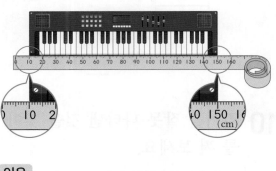

이유 _____

_____

_____

20 멀리뛰기를 선생님은 2 m 58 cm 뛰었고, 정민이는 1 m 45 cm 뛰었습니다. 누가 얼마나 더 멀리 뛰었는지 풀이 과정을 쓰고 답을 구해 보세요.

❶ 누가 더 멀리 뛰었는지 알아보기

풀이 _____

_____

❷ 얼마나 더 멀리 뛰었는지 구하기

풀이 _____

_____

답 _____ , _____

가짜 뉴스 판별가

가짜 뉴스 판별가는 사실이 아닌데 진짜처럼 퍼진 가짜 뉴스를 찾아
거짓임을 밝히는 일을 해요. 소문으로 들은 것을 신뢰하지 않는 사람,
분석 능력이 뛰어난 사람에게 꼭 맞는 직업이에요!

○ 그림에서 반지, 풍선, 신발, 물고기를 찾아보세요.

4

시각과 시간

● 시계가 나타내는 시각

3시

8시 30분

몇 시 몇 분을 읽어 볼까요 (1)

◆ 5분 단위까지 몇 시 몇 분 읽기

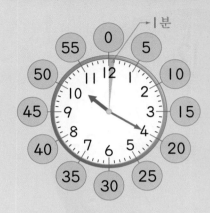

• 시계에서 긴바늘이 가리키는 작은 눈금 한 칸은 **1**분을 나타냅니다.

• 시계의 긴바늘이 가리키는 숫자가 **1**이면 **5분**, **2**이면 **10분**, **3**이면 **15분**……을 나타냅니다. → 시계에는 작은 눈금으로 5칸마다 숫자가 있습니다.

• 왼쪽 시계가 나타내는 시각은 **10**시 **20**분입니다.

1 태연이가 일어난 시각을 어떻게 읽어야 하는지 알아봅시다.

(1) 짧은바늘은 8과 9 사이를 가리키고 있으므로 ☐ 시입니다.

(2) 긴바늘은 3을 가리키고 있으므로 ☐ 분입니다.

(3) 태연이가 일어난 시각은 ☐ 시 ☐ 분입니다.

2 시계를 보고 몇 시 몇 분인지 써 봅시다.

(1)

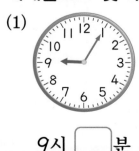

9시 ☐ 분

(2)

1시 ☐ 분

▶ 정답과 풀이 **14**쪽

1 시계에서 각각의 숫자가 몇 분을 나타내는지 써넣으세요.

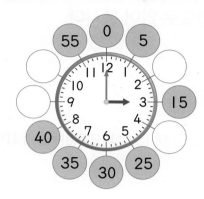

2 시계를 보고 ☐ 안에 알맞은 수를 써넣으세요.

(1) 짧은바늘은 **2**와 **3** 사이를 가리키고 있고,

긴바늘은 ☐ 를 가리키고 있습니다.

(2) 시계가 나타내는 시각은 ☐ 시 ☐ 분입니다.

3 시계를 보고 몇 시 몇 분인지 써 보세요.

(1)

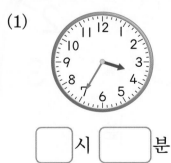

☐ 시 ☐ 분

(2)

☐ 시 ☐ 분

Basic Book 23쪽

4. 시각과 시간 **79**

몇 시 몇 분을 읽어 볼까요 (2)

1 오른쪽 시계에서 긴바늘이 두 숫자 사이를 가리키고 있습니다.
시각을 2가지 방법으로 읽어 봅시다.

긴바늘이 가리키는
작은 눈금 한 칸은
1분이에요!

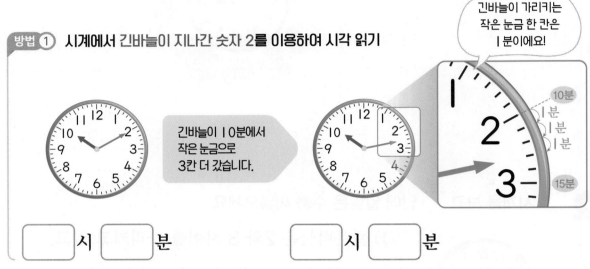

방법 ① 시계에서 긴바늘이 지나간 숫자 2를 이용하여 시각 읽기

긴바늘이 10분에서
작은 눈금으로
3칸 더 갔습니다.

☐ 시 ☐ 분   ☐ 시 ☐ 분

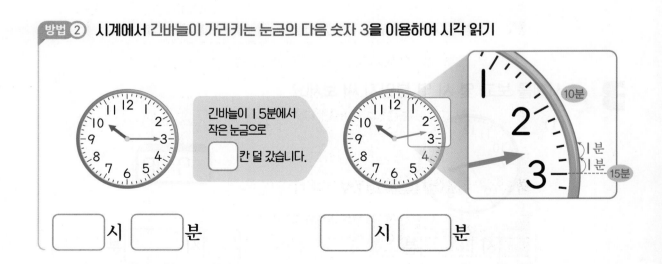

방법 ② 시계에서 긴바늘이 가리키는 눈금의 다음 숫자 3을 이용하여 시각 읽기

긴바늘이 15분에서
작은 눈금으로

☐ 칸 덜 갔습니다.

☐ 시 ☐ 분   ☐ 시 ☐ 분

기본 문제

4
단원

12강

1 시계를 보고 빈칸에 몇 분을 나타내는지 써넣으세요.

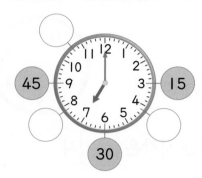

45 15 30

2 같은 시각을 나타낸 것끼리 선으로 이어 보세요.

   ·

· 11:37

   ·

· 11:17

3 시계를 보고 몇 시 몇 분인지 써 보세요.

(1)

☐ 시 ☐ 분

(2)

☐ 시 ☐ 분

보충해 봐!
Basic
Book
24쪽

3 여러 가지 방법으로 시각을 읽어 볼까요

1 4시에 가까운 시각을 어떻게 읽는지 알아봅시다.

(1) 시계가 나타내는 시각은 [ ]시 [ ]분입니다.

(2) 3시 55분에서 4시가 되려면 [ ]분이 더 지나야 합니다.

(3) 3시 55분은 4시가 되기 [ ]분 전입니다.

(4) 3시 55분을 '4시 [ ]분 전'이라고도 합니다.

◆ 시각을 '몇 시 몇 분 전'으로 읽기

3시 55분을 4시 5분 전이라고도 합니다.

2 시계에 주어진 시각을 나타내고, 시각을 읽어 봅시다.

(1) 6시 5분 전

6시 5분 전 = [ ]시 [ ]분

(2) 9시 10분 전

9시 10분 전 = [ ]시 [ ]분

기본 문제

1 시각을 읽어 보세요.

(1)

□시 □분

□시 □분 전

(2)

□시 □분

□시 □분 전

2 □ 안에 알맞은 수를 써넣으세요.

(1) 5시 50분은 6시 □분 전입니다.

(2) 7시 5분 전은 □시 55분입니다.

3 같은 시각을 나타내는 것끼리 알맞게 선으로 이어 보세요.

 ·

· 8:55 ·

· 9시 5분 전

 ·

· 2:50 ·

· 3시 10분 전

보충해 봐!
Basic
Book
25쪽

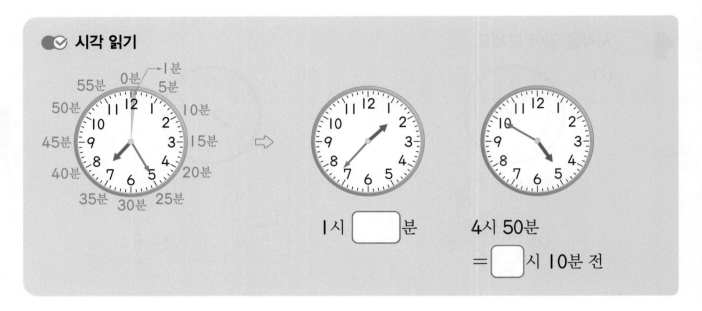

시각 읽기

1시 [ ]분

4시 50분

= [ ]시 10분 전

---

1 시계의 긴바늘이 가리키는 숫자와 나타내는 분을 빈칸에 알맞게 써넣으세요.

숫자		4		8	9	
분	5		30			55

3 [ ] 안에 알맞은 수를 써넣으세요.

(1) 1시 50분은 2시 [ ]분 전과 같습니다.

(2) 8시 5분 전은 [ ]시 [ ]분 과 같습니다.

2 시계를 보고 몇 시 몇 분인지 써 보세요.

[ ]시 [ ]분

4 시계의 시각을 시계에 바르게 나타낸 것의 기호를 써 보세요.

5:09

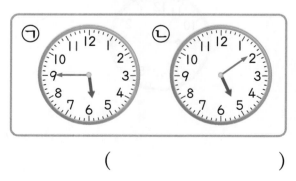

( )

5 시계에 시각을 나타내 보세요.

(1)

2시 42분

(2)

7시 5분 전

6 오른쪽 시계를 보고 바르게 설명한 것을 찾아 기호를 써 보세요.

> ⊙ 10시 50분입니다.
> ⓒ 10시 10분 전입니다.
> ⓒ 11시가 되려면 10분이
>   더 지나야 합니다.

( )

7 동규가 시각을 <u>잘못</u> 읽은 부분을 바르게 고쳐 보세요.

긴바늘이 3을 가리키고 있으므로 5시 3분 입니다.

동규

바르게 고치기

8 다람쥐가 읽은 시각이 맞으면 ➡, 틀리면 ⬇로 가서 먹게 되는 음식의 이름을 써 보세요.

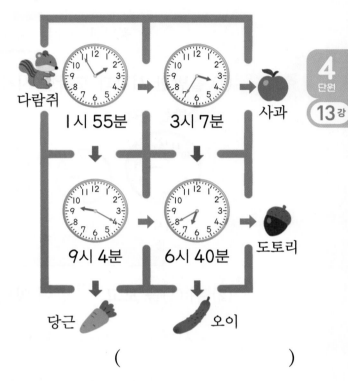

다람쥐 1시 55분 3시 7분 사과

9시 4분 6시 40분 도토리

당근 오이

( )

교과서 역량 문제 💡

9 은혜가 시계를 봤더니 짧은바늘은 2와 3 사이를 가리키고, 긴바늘은 10에서 작은 눈금으로 4칸 더 간 부분을 가리키고 있습니다. 은혜가 본 시계의 시각은 몇 시 몇 분일까요?

➕ 짧은바늘은 '시'를 나타내고, 긴바늘은 '분'을 나타냅니다.

( )

 교과서 개념

1시간을 알아볼까요

1 지한이가 자전거를 타는 데 걸린 시간을 구해 봅시다.

출발한 시각 **3:00**   도착한 시각 **4:00**

(1) 출발한 시각과 도착한 시각을 시계에 각각 나타내 보세요.

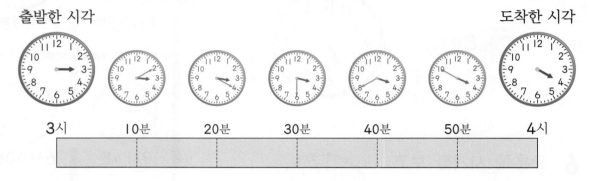

출발한 시각   도착한 시각

3시   10분   20분   30분   40분   50분   4시

(2) 위 (1)을 보고 ☐ 안에 알맞은 수를 써넣으세요.

• 시계의 긴바늘이 한 바퀴 도는 데 걸린 시간은 ☐ 분입니다.

• 시계의 짧은바늘이 3에서 4로 움직이는 데 걸린 시간은 ☐ 시간입니다.

(3) 지한이가 자전거를 타는 데 걸린 시간을 구해 보세요.

☐ 분 = ☐ 시간

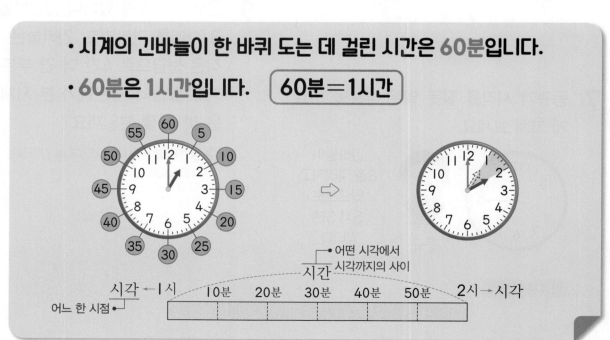

• 시계의 긴바늘이 한 바퀴 도는 데 걸린 시간은 **60분**입니다.

• **60분**은 **1시간**입니다. **60분 = 1시간**

▶ 정답과 풀이 **16**쪽

기본 문제

1 서준이가 책을 읽는 데 걸린 시간을 알아보려고 합니다. 물음에 답하세요.

시작한 시각   끝난 시각

(1) 책을 읽는 데 걸린 시간을 시간 띠에 색칠해 보세요.

4시 10분 20분 30분 40분 50분 5시 10분 20분 30분 40분 50분 6시

(2) ☐ 안에 알맞은 수를 써넣고, 알맞은 말에 ○표 하세요.

책을 읽는 데 걸린 시간은 ☐ (분 , 시간)입니다.

2 ☐ 안에 알맞은 수를 써넣으세요.

(1) 60분＝☐시간

(2) 1시간＝☐분

(3) 120분＝☐시간

(4) 3시간＝☐분

3 지아가 공연 연습을 60분 동안 했습니다. 연습을 시작한 시각을 보고 끝난 시각을 나타내 보세요.

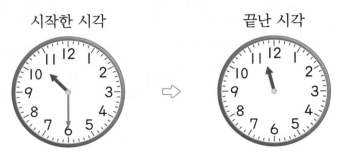

시작한 시각   끝난 시각

4
단원

13강

보충해 봐!
Basic
Book
26쪽

5 걸린 시간을 알아볼까요

1 규성이네 가족이 등산하는 데 걸린 시간을 구해 봅시다.

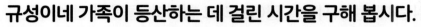

출발한 시각은 10시야.

산 정상에 도착한 시각은 11시 30분이야.

(1) 등산을 출발한 시각으로부터 1시간 뒤 시각을 시계에 나타내 보세요.

출발한 시각 　　　　　　　　1시간 뒤 　　　　　　　　도착한 시각

 ⇨  ⇨

(2) 위 (1)에서 나타낸 1시간 뒤 시각에서 산 정상에 도착한 시각을 나타내려면 시계의 긴바늘이 몇 분 움직여야 할까요?

(　　　　　　　　　　　　)

(3) 등산하는 데 걸린 시간을 시간 띠에 색칠하고 구해 보세요.

10시 10분 20분 30분 40분 50분 11시 10분 20분 30분 40분 50분 12시

☐시간 ☐분＝☐분

기본 문제

▶ 정답과 풀이 16쪽

4 단원

14강

1 기차를 타고 대전에서 부산까지 이동하는 데 걸린 시간을 구하려고 합니다. 물음에 답하세요.

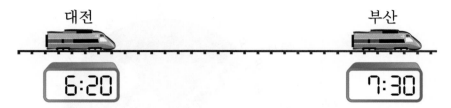

(1) 대전에서 부산까지 이동하는 데 걸린 시간을 시간 띠에 색칠해 보세요.

6시 10분 20분 30분 40분 50분 7시 10분 20분 30분 40분 50분 8시

(2) 대전에서 부산까지 이동하는 데 걸린 시간을 구해 보세요.

☐ 시간 ☐ 분 = ☐ 분

2 ☐ 안에 알맞은 수를 써넣으세요.

(1) 1시간 20분 = ☐ 분

(2) 1시간 45분 = ☐ 분

(3) 110분 = ☐ 시간 ☐ 분

(4) 95분 = ☐ 시간 ☐ 분

3 걸린 시간이 같은 것끼리 선으로 이어 보세요.

투호 놀이
8:00~9:20
·

·
연날리기
2:00~2:30

제기차기
7:00~7:30
·

·
비사치기
10:30~11:50

보충해 봐!
Basic
Book
27쪽

6 하루의 시간을 알아볼까요

1 하루 계획표를 보고 하루의 시간에 대해 알아봅시다.

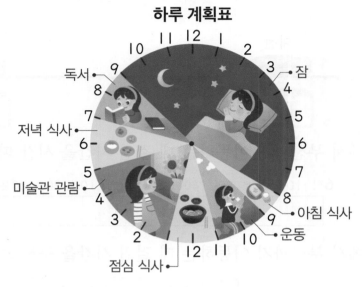

하루 계획표

(1) 하루 계획표를 보고 계획한 일을 하는 데 걸린 시간을 구해 보세요.

하는 일	아침 식사	운동	점심 식사	미술관 관람	저녁 식사	독서	잠
걸린 시간 (시간)	1		2		2		11

(2) 하루는 몇 시간일까요?

( )

- 전날 밤 12시부터 낮 12시까지를 **오전**, 낮 12시부터 밤 12시까지를 **오후**라고 합니다.

- 하루는 **24시간**입니다. 1일＝24시간

12 1 2 3 4 5 6 7 8 9 10 11 12(시)

1 2 3 4 5 6 7 8 9 10 11 12(시)

12시간(오전)

12시간(오후)

24시간(1일)

기본 문제

1 ☐ 안에 알맞은 수를 써넣으세요.

(1) **1**일 = ☐ 시간

(2) **2**일 = ☐ 시간

(3) **24**시간 = ☐ 일

(4) **50**시간 = ☐ 일 ☐ 시간

2 ( ) 안에 오전과 오후를 알맞게 써넣으세요.

(1) 낮 **2**시 ( )

(2) 새벽 **1**시 ( )

(3) 아침 **7**시 ( )

(4) 밤 **9**시 ( )

3 선정이가 도서관에 있었던 시간을 구하려고 합니다. 물음에 답하세요.

도서관에 들어간 시각
오전

도서관에서 나온 시각
오후

(1) 도서관에 있었던 시간을 시간 띠에 색칠해 보세요.

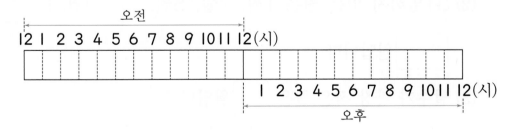

(2) 선정이는 도서관에 몇 시간 있었을까요?

( )

달력을 알아볼까요

1 달력을 알아봅시다.

6월

일	월	화	수	목	금	토
						1
2	3	4	5	6	7	8
9	10	11	12	13	14	15
16	17	18	19	20	21	22
23	24	25	26	27	28	29
30						

📖 : 연지가 책을 읽은 날

(1) 6월은 모두 ☐ 일입니다.

(2) 연지가 책을 읽은 날은 모두 ☐ 일입니다.

(3) 같은 요일은 ☐ 일마다 반복됩니다.

1주일은 7일입니다. ▨ 1주일＝7일

2 1년의 달력을 알아봅시다.

월	1	2	3	4	5	6	7	8	9	10	11	12
날수(일)	31	28 (29)	31	30	31	30	31	31	30	31	30	31

(1) 1년은 1월부터 ☐ 월까지 있습니다.

(2) 31일까지 있는 월은 1월, 3월, 5월, ☐ 월, ☐ 월, ☐ 월, ☐ 월입니다.

(3) 날수가 가장 적은 월은 ☐ 월입니다.

1년은 12개월입니다.

1년＝12개월

참고

주먹을 쥐고 위로 올라온 곳은 31일, 내려간 곳은 30일까지 있습니다. 2월만 28(29)일까지 있습니다.

4 단원

14강

1 □ 안에 알맞은 수를 써넣으세요.

(1) 1주일 = □ 일

(2) 1년 = □ 개월

(3) 14일 = □ 주일

(4) 24개월 = □ 년

2 어느 해의 8월 달력입니다. 달력을 보고 물음에 답하세요.

8월

일	월	화	수	목	금	토
				1	2	3
4	5	6	7	8	9	10
11	12	13	14	15	16	17
18	19	20	21	22	23	24
25	26	27	28	29	30	31

(1) 월요일이 몇 번 있을까요?

(   )

(2) 8월 15일 광복절은 무슨 요일일까요?

(   )

(3) 8월 24일부터 1주일이 되는 날은 무슨 요일일까요?

(   )

3 각 월은 며칠인지 표를 완성해 보세요.

월	1	2	3	4	5	6	7	8	9	10	11	12
날수(일)	31	28	31		31			31	30		30	31

보충해 봐!
Basic Book
29쪽

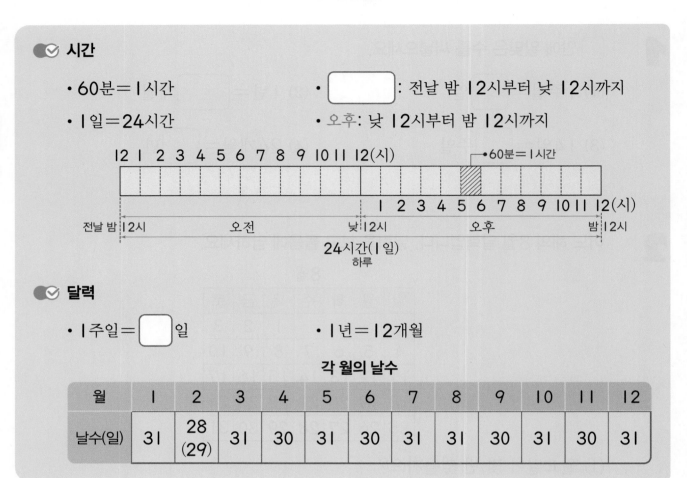

개념 확인 · 실력 문제

✅ 시간

- 60분＝1시간
- 1일＝24시간

- [ ] : 전날 밤 12시부터 낮 12시까지
- 오후: 낮 12시부터 밤 12시까지

12 1 2 3 4 5 6 7 8 9 10 11 12(시)
•60분＝1시간

1 2 3 4 5 6 7 8 9 10 11 12(시)

전날 밤 12시   오전   낮 12시   오후   밤 12시

24시간(1일)
하루

✅ 달력

- 1주일＝[ ]일
- 1년＝12개월

각 월의 날수

월	1	2	3	4	5	6	7	8	9	10	11	12
날수(일)	31	28 (29)	31	30	31	30	31	31	30	31	30	31

---

1 알맞은 말에 ○표 하세요.

> 민지는 (오전 , 오후) 7시 25분에 아침 식사를 했습니다.

2 ☐ 안에 알맞은 수를 써넣으세요.

(1) 100분＝[ ]시간 [ ]분

(2) 1일 10시간＝[ ]시간

(3) 30개월＝[ ]년 [ ]개월

3 잘못 나타낸 것의 기호를 써 보세요.

> ㉠ 1시간 5분＝65분
> ㉡ 1년 5개월＝15개월

( )

4 진주가 스키를 타기 시작한 시각과 마친 시각을 나타낸 표입니다. 스키를 몇 시간 몇 분 동안 탔을까요?

시작한 시각	마친 시각
9시 40분	11시

( )

● 정답과 풀이 **17**쪽

5 세희는 친구들과 함께 1시간 동안 수영을 하기로 했습니다. 시계를 보고 몇 분 더 해야 하는지 구해 보세요.

시작한 시각   현재 시각

(   )

6 은규네 가족의 바다 여행 일정표를 보고 바르게 말한 사람의 이름을 써 보세요.

여행 일정표

시간	일정
10:00 ~ 11:00	바닷가로 이동
11:00 ~ 12:30	점심 식사
12:30 ~ 2:00	물놀이

오전에 바닷가로 이동했어.   오전에 물놀이를 했어.

유라   서후

(   )

7 6시 10분에서 시계의 긴바늘이 3바퀴 돌았을 때의 시각은 몇 시 몇 분인지 구해 보세요.

(   )

⊕ 어느 해의 4월 달력의 일부분입니다. 달력을 보고 물음에 답하세요. [8 ~ 9]

4월

일	월	화	수	목	금	토
	1	2	3	4	5	6
⑦	8	9	10	11	12	13
14	15	16	17	18	19	20

지수 생일 → ⑦

4 단원

15 강

8 정우의 생일은 지수 생일의 1주일 전입니다. 정우의 생일은 몇 월 며칠일까요?

(   )

9 현정이의 생일은 지수 생일의 10일 후입니다. 현정이의 생일은 몇 월 며칠이고 무슨 요일일까요?

(,   )

10 윤재가 5시부터 1시간 30분 동안 청소를 했습니다. 청소를 마친 시각은 몇 시 몇 분일까요?

(   )

교과서 역량 문제 💡

11 9월 15일부터 10월 4일까지 어린이 그림 전시회가 열립니다. 어린이 그림 전시회가 열리는 기간은 며칠일까요?

➕ 9월은 30일까지 있습니다.

(   )

단원 마무리

1 ☐ 안에 알맞은 수를 써넣으세요.

> 시계의 긴바늘이 가리키는 숫자가
> 4이면 ☐ 분을 나타냅니다.

2 시계를 보고 몇 시 몇 분인지 써 보세요.

☐ 시 ☐ 분

3 빈칸에 오전과 오후를 알맞게 써넣으세요.

아침 10시	저녁 8시

4 시계의 긴바늘이 한 바퀴 도는 데 걸리는 시간은 몇 분일까요?

( )

5 같은 것끼리 선으로 이어 보세요.

| |시간 | · | · | 24시간 |

| |일 | · | · | 7일 |

| |년 | · | · | 60분 |

| |주일 | · | · | 12개월 |

🔍 ☐ 안에 알맞은 수를 써넣으세요. [6~7]

6 130분 = ☐ 시간 ☐ 분

7 |일 ||시간 = ☐ 시간

8 시계에 시각을 나타내 보세요.

||시 31분

◉ 정답과 풀이 **18**쪽

점수 〔   〕   확인 〔   〕

9 시각을 몇 시 몇 분 전으로 써 보세요.

(   )

10 시각이 <u>다른</u> 하나를 찾아 기호를 써 보세요.

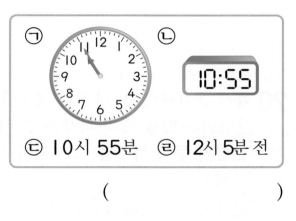

㉠   ㉡   10:55

㉢ 10시 55분   ㉣ 12시 5분 전

(   )

11 날수가 <u>다른</u> 월은 어느 것인가요?

(   )

① 1월   ② 3월   ③ 7월
④ 8월   ⑤ 9월

12 지성이가 놀이공원에 있었던 시간은 몇 시간일까요?

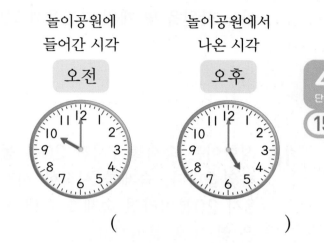

놀이공원에   놀이공원에서
들어간 시각   나온 시각

오전   오후

(   )

4 단원
15강

➕ 어느 해의 5월 달력입니다. 달력을 보고 물음에 답하세요. [13~14]

5월

일	월	화	수	목	금	토
			1	2	3	4
5	6	7	8	9	10	11 |•스승의 날
12	13	14	⑮	16	17	18
19	20	21	22	23	24	25
26	27	28	29	30	31	

13 5월 15일 스승의 날은 무슨 요일일까요?

(   )

14 스승의 날부터 1주일 전은 몇 월 며칠일까요?

(   )

잘 틀리는 문제 🔍

15 혜진이는 피아노 학원에 다닌 지 1년 8개월이 되었습니다. 혜진이는 피아노 학원을 몇 개월 다녔을까요?

(   )

16 성한이는 숙제를 1시간 20분 동안 하였습니다. 숙제를 시작한 시각이 8시 20분이라면 숙제를 끝낸 시각은 몇 시 몇 분일까요?

(   )

잘 틀리는 문제 🔍

17 예지가 발레를 시작한 시각과 마친 시각을 나타낸 표입니다. 예지가 발레를 한 시간은 몇 시간 몇 분일까요?

시작한 시각	마친 시각
1시 50분	3시

(   )

18 어린이 도서 박람회가 3월 17일부터 4월 7일까지 열린다고 합니다. 어린이 도서 박람회가 열리는 기간은 며칠일까요?

(   )

💬 **서술형 문제**

19 현희는 오른쪽 시계의 시각을 5시 10분이라고 잘못 읽었습니다. 현희가 시각을 잘못 읽은 이유와 바르게 읽은 시각을 써 보세요.

답 _____

_____

_____

20 4시 20분에서 시계의 긴바늘이 2바퀴 돌았을 때의 시각은 몇 시 몇 분인지 풀이 과정을 쓰고 답을 구해 보세요.

❶ 시계의 긴바늘이 2바퀴 도는 데 걸리는 시간 알아보기

풀이 _____

_____

❷ 4시 20분에서 시계의 긴바늘이 2바퀴 돌았을 때의 시각 구하기

풀이 _____

_____

답 _____

폐기물 시스템 전문가

폐기물 시스템 전문가는 회사에서 버리는 폐기물을 줄이거나 처리하는 방법을 알아보고
관리하는 일을 해요. 폐기물 재활용이나 일상의 작은 행동으로 환경을 보호하는
일에 관심 있는 사람에게 꼭 맞는 직업이에요!

○ 그림을 색칠하며 '폐기물 시스템 전문가'라는 직업을 상상해 보세요.

5

표와 그래프

● 분류하기

분류 기준	색깔

색깔	초록색	노란색	빨간색
접시			
접시의 수(개)	4	1	3

자료를 분류하여 표로 나타내 볼까요

1 경우네 모둠 학생들이 좋아하는 운동을 조사하였습니다. 자료를 보고 표로 나타내 봅시다.

경우네 모둠 학생들이 좋아하는 운동

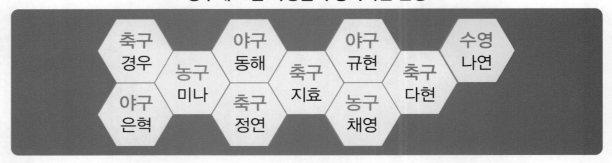

(1) 자료를 보고 기준에 따라 분류하여 학생들의 이름을 써 보세요.

분류 기준 | 경우네 모둠 학생들이 좋아하는 운동

운동	⚽ 축구	🏀 농구	⚾ 야구	🏊 수영
학생 이름	경우, 정연, 지효, 다현			

(2) 경우네 모둠 학생들이 좋아하는 운동별 학생 수를 표로 나타내 보세요.

경우네 모둠 학생들이 좋아하는 운동별 학생 수

┌ 전체 학생
  수를 씁니다.

운동	축구	농구	야구	수영	합계
학생 수(명)					

◆ **표로 나타내면 좋은 점**

활동별 학생 수와 전체 학생 수를 한눈에 알아보기 쉽습니다.

참고 • 자료: 학생별 활동을 파악하기에 편리합니다.
• 분류: 활동별로 해당하는 학생들이 누구인지 알 수 있습니다.

➕ 양훈이네 모둠 학생들이 좋아하는 색깔을 조사하였습니다. 물음에 답하세요. [**1 ~ 2**]

양훈이네 모둠 학생들이 좋아하는 색깔

노랑	파랑	노랑	빨강
민지	다희	아현	종훈

 파랑   빨강   파랑   초록   파랑   초록

우주   태현   준기   나은   서진   한비

1 준기가 좋아하는 색깔을 찾아 써 보세요.

(   )

2 조사한 자료를 보고 표로 나타내 보세요.

양훈이네 모둠 학생들이 좋아하는 색깔별 학생 수

색깔	빨강	초록	노랑	파랑	합계
학생 수(명)					

3 동물 수를 표로 나타내 보세요.

동물 수

동물	오리	닭	공작	타조	합계
동물 수(마리)					

보충해 봐!
Basic
Book
30쪽

2 자료를 조사하여 표로 나타내 볼까요

1 수희네 모둠 학생들이 태어난 계절을 조사하여 표로 나타내 봅시다.

(1) 조사 방법 3가지 중 한 가지를 이용하여 수희네 모둠 학생들이 태어난 계절을 조사하였습니다. 조사한 자료를 분류하여 학생들의 이름을 써 보세요.

계절	봄 (3, 4, 5월)	여름 (6, 7, 8월)	가을 (9, 10, 11월)	겨울 (12, 1, 2월)
학생 이름				

(2) 조사한 자료를 표로 나타내 보세요.

수희네 모둠 학생들이 태어난 계절별 학생 수

계절	봄 (3, 4, 5월)	여름 (6, 7, 8월)	가을 (9, 10, 11월)	겨울 (12, 1, 2월)	합계
학생 수(명)					

기본 문제

1 자료를 조사하여 표로 나타내고 있습니다. 순서대로 기호를 써 보세요.

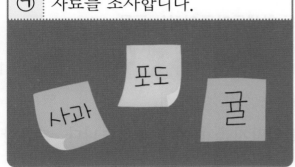

㉠ 자료를 조사합니다.

포도 / 사과 / 귤

㉡ 조사할 방법을 정합니다.

친구들에게 붙임 종이에 좋아하는 과일을 써서 붙여 달라고 하자.

㉢ 조사한 자료를 표로 나타냅니다.

붙임 종이를 세어 표로 나타내 보자.

㉣ 무엇을 조사할지 정합니다.

우리 반 친구들이 좋아하는 과일을 조사해 보자.

㉣ ⇨ ☐ ⇨ ☐ ⇨ ☐

2 다현이네 반 시간표를 보고 표로 나타내 보세요.

다현이네 반 시간표

	월	화	수	목	금
1교시	국어	수학	국어	통합	국어
2교시	창체	창체	국어	통합	수학
3교시	통합	국어	수학	국어	통합
4교시	통합	통합	통합	수학	통합
5교시		통합	창체	창체	

다현이네 반 시간표 과목별 수업 수

과목	국어	수학	통합	창체	합계
수업 수(회)					

보충해 봐!
Basic Book
31쪽

자료를 분류하여 그래프로 나타내 볼까요

1 찬호네 모둠 학생들이 좋아하는 동물을 조사하였습니다. 자료를 분류하여 그래프
로 나타내 봅시다.

자료의 변화를 잘 알아볼 수 있도록 자료를
점, 선, 그림 등으로 나타낸 것

찬호네 모둠 학생들이 좋아하는 동물

| 찬호 | 수영 | 준우 | 하늘 | 성진 | 은서 | 동혁 | 영훈 | 다인 |

(1) 학생들이 좋아하는 동물의 붙임딱지를 붙여 분류했습니다. 분류한 자료를
보고 표를 완성해 보세요.

강아지	토끼	앵무새	금붕어	고양이

찬호네 모둠 학생들이 좋아하는 동물별 학생 수

동물	강아지	토끼	앵무새	금붕어	고양이	합계
학생 수(명)	2					9

(2) 조사한 자료를 보고 ◯를 이용하여 그래프로 나타내 보세요.

찬호네 모둠 학생들이 좋아하는 동물별 학생 수

그래프로 나타내면
좋아하는 동물을 한눈에
알아보기 쉬워요.

3					
2	◯				
1	◯				
학생 수(명) \ 동물	강아지	토끼	앵무새	금붕어	고양이

└ 세로에 학생 수가 올 때는 ◯를 한 칸에 하나씩, 아래에서 위로 빈칸 없이 채워서 나타냅니다.

◆ **그래프로 나타내는 방법**
❶ 가로와 세로에 무엇을 쓸지 정합니다.
❷ 가로와 세로를 각각 몇 칸으로 할지 정합니다.
❸ 그래프에 ◯, ✕, / 중 하나를 선택하여 자료를 나타냅니다.
❹ 그래프의 제목을 씁니다. ── 그래프의 제목을 가장 먼저 정해도 됩니다.

➕ 수정이네 모둠 학생들이 좋아하는 꽃을 조사하였습니다. 물음에 답하세요. [**1~3**]

수정이네 모둠 학생들이 좋아하는 꽃

튤립	장미				백합
수정	채원	효진	인나	승기	우진
시원	민혁	종국	동훈	경은	태희

무궁화

1 조사한 자료를 보고 표로 나타내 보세요.

수정이네 모둠 학생들이 좋아하는 꽃별 학생 수

꽃	튤립	장미	무궁화	백합	합계
학생 수(명)					

2 조사한 자료를 보고 ○를 이용하여 그래프로 나타내 보세요.

수정이네 모둠 학생들이 좋아하는 꽃별 학생 수

4				
3				
2				
1				
학생 수(명) \ 꽃	튤립	장미	무궁화	백합

3 위 **2**의 그래프에서 가로와 세로를 바꾸고, ✕를 이용하여 그래프로 나타내 보세요.

수정이네 모둠 학생들이 좋아하는 꽃별 학생 수

백합				
무궁화				
장미				
튤립				
꽃 \ 학생 수(명)	1	2	3	4

보충해 봐!

Basic Book
32쪽

표와 그래프를 보고 무엇을 알 수 있을까요

1 정연이네 모둠 학생들이 좋아하는 간식별 학생 수를 표와 그래프로 나타냈습니다. 표와 그래프를 보고 알 수 있는 내용을 찾아봅시다.

(1) 표를 보고 ☐ 안에 알맞은 수를 써넣으세요.

정연이네 모둠 학생들이 좋아하는 간식별 학생 수

간식	피자	떡볶이	라면	샌드위치	합계
학생 수(명)	4	2	1	3	10

• 정연이네 모둠 학생은 모두 ☐ 명입니다.

• 샌드위치를 좋아하는 학생은 ☐ 명입니다.

(2) 그래프를 보고 ☐ 안에 알맞은 말을 써넣으세요.

정연이네 모둠 학생들이 좋아하는 간식별 학생 수

학생 수(명) / 간식	피자	떡볶이	라면	샌드위치
4	◯			
3	◯			◯
2	◯	◯		◯
1	◯	◯	◯	◯

• 가장 많은 학생들이 좋아하는 간식은 ☐ 입니다.

• 3명보다 적은 학생들이 좋아하는 간식은 ☐ , ☐
  └•3명은 포함하지 않습니다.
  입니다.

◆ 표로 나타내면 편리한 점

• 조사한 **자료별 수**를 알아보기 편리합니다.

• 조사한 **자료의 전체 수**를 알아보기 편리합니다.

◆ 그래프로 나타내면 편리한 점

• **가장 많은 것**을 한눈에 알아보기 편리합니다.

• **가장 적은 것**을 한눈에 알아보기 편리합니다.

기본 문제

▶ 정답과 풀이 **19**쪽

🔍 가희네 반 학생들이 좋아하는 빵을 조사하여 표로 나타냈습니다. 물음에 답하세요. [**1~2**]

가희네 반 학생들이 좋아하는 빵별 학생 수

빵	단팥빵	소보로빵	슈크림빵	소금빵	소시지빵	합계
학생 수(명)	3	2	4	7	4	20

1 슈크림빵을 좋아하는 학생은 몇 명일까요?

( )

2 가희네 반 학생은 모두 몇 명일까요?

( )

🔍 정우네 반 학생들이 가고 싶은 산을 조사하여 그래프로 나타냈습니다. 물음에 답하세요.

[**3~4**]

정우네 반 학생들이 가고 싶은 산별 학생 수

학생 수(명) \ 산	한라산	북한산	지리산	설악산
6	○			
5	○		○	
4	○	○	○	
3	○	○	○	○
2	○	○	○	○
1	○	○	○	○

3 가장 적은 학생들이 가고 싶은 산은 어디일까요?

( )

4 지리산보다 더 많은 학생들이 가고 싶은 산은 어디일까요?

( )

보충해 봐!
Basic Book
33쪽

표와 그래프로 나타내 볼까요

1 현주네 반 학생들이 좋아하는 전통 놀이를 조사하였습니다. 조사한 자료를 보고 표와 그래프로 나타내 봅시다.

현주네 반 학생들이 좋아하는 전통 놀이

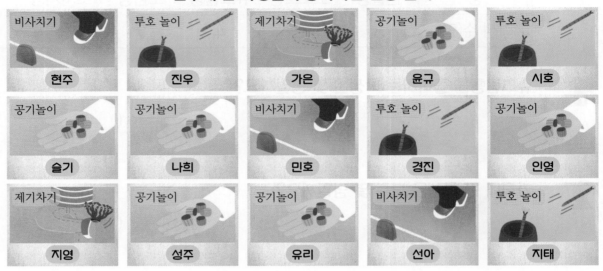

(1) 조사한 자료를 보고 표로 나타내 보세요.

현주네 반 학생들이 좋아하는 전통 놀이별 학생 수

전통 놀이	비사치기	투호 놀이	제기차기	공기놀이	합계
학생 수(명)					

(2) 위 (1)의 표를 보고 ✕를 이용하여 그래프로 나타내 보세요.

현주네 반 학생들이 좋아하는 전통 놀이별 학생 수

6				
5				
4				
3				
2				
1				
학생 수(명) / 전통 놀이	비사치기	투호 놀이	제기차기	공기놀이

▶ 정답과 풀이 **20**쪽

➕ 준서네 반 학생들이 독서 시간에 읽은 책을 조사하였습니다. 물음에 답하세요. [**1 ~ 3**]

준서네 반 학생들이 독서 시간에 읽은 책

이름	책	이름	책	이름	책	이름	책	이름	책	이름	책
준서	동화책	지희	과학책	하은	시집	승현	위인전	유정	만화책	수지	위인전
연아	만화책	태환	동화책	성빈	위인전	도진	시집	지훈	동화책	상혁	과학책
소연	과학책	강인	위인전	연경	만화책	민정	동화책	찬영	시집	지윤	동화책
영준	만화책	도훈	위인전	재우	만화책	다인	위인전	효진	과학책	서현	위인전

1 조사한 자료를 보고 표로 나타내 보세요.

준서네 반 학생들이 독서 시간에 읽은 책별 학생 수

책	동화책	과학책	시집	위인전	만화책	합계
학생 수(명)						

2 위 **1**의 표를 보고 ◯를 이용하여 그래프로 나타내 보세요.

준서네 반 학생들이 독서 시간에 읽은 책별 학생 수

4					
3					
2					
1					
학생 수(명) \ 책	동화책	과학책			

3 가장 많은 학생들이 독서 시간에 읽은 책은 무엇일까요?

(   )

모충해 봐!
Basic Book
34쪽

개념 확인 실력 문제

표와 그래프

효민이네 모둠 학생들이 좋아하는 과일

효민	서윤	준서
지원	민우	유진

⬇

효민이네 모둠 학생들이 좋아하는 과일별 학생 수

과일	귤	포도	딸기	합계
학생 수(명)	3	2	1	6

효민이네 모둠 학생 수: 6명

효민이네 모둠 학생들이 좋아하는 과일별 학생 수

3	○		
2	○	○	
1	○	○	○
학생 수(명) / 과일	귤	포도	딸기

가장 적은 학생들이 좋아하는 과일: [　]

🔍 **지수네 모둠 학생들이 좋아하는 채소를 조사하였습니다. 물음에 답하세요. [1~2]**

지수네 모둠 학생들이 좋아하는 채소

당근 •

지수	나영	현우	승호 • 피망
다은	지현	윤지	유정

오이 •

1 나영이가 좋아하는 채소를 찾아 써 보세요.

(　　　　　　　　)

2 조사한 자료를 보고 표로 나타내 보세요.

지수네 모둠 학생들이 좋아하는 채소별 학생 수

채소	당근	오이	피망	합계
학생 수(명)				

---

3 진주네 모둠 학생들이 좋아하는 간식을 조사하였습니다. 조사한 자료를 보고 그래프로 나타내는 순서를 기호로 써 보세요.

진주네 모둠 학생들이 좋아하는 간식

이름	간식	이름	간식	이름	간식
진주	🍖	영희	🍠	민석	🥔
백호	🍠	현지	🍖	연아	🍠

- ㉠ 간식별 학생 수를 ○로 표시하여 나타냅니다.
- ㉡ 그래프의 제목을 씁니다.
- ㉢ 가로와 세로에 무엇을 쓸지 정합니다.
- ㉣ 가로와 세로를 각각 몇 칸으로 할지 정합니다.
- ㉤ 조사한 자료를 살펴봅니다.

㉤ ⇨ [　] ⇨ [　] ⇨ [　] ⇨ ㉡

▶ 정답과 풀이 **20**쪽

➕ 상현이네 모둠 학생들이 생일에 받고 싶은 선물을 조사하였습니다. 물음에 답하세요.

[4~6]

상현이네 모둠 학생들이 생일에 받고 싶은 선물

4 조사한 자료를 보고 표로 나타내 보세요.

상현이네 모둠 학생들이 생일에 받고 싶은 선물별 학생 수

선물	게임기	인형	책	합계
학생 수(명)				

5 위 **4**의 표를 보고 /을 이용하여 그래프로 나타내 보세요.

상현이네 모둠 학생들이 생일에 받고 싶은 선물별 학생 수

선물 / 학생 수(명)			

6 가장 많은 학생들이 받고 싶은 선물은 무엇일까요?

( )

➕ 모양을 보고 물음에 답하세요. [7~9]

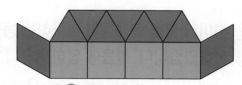

교과서 역량 문제 💡

7 모양을 만드는 데 사용한 조각 수를 표로 나타내 보세요.

모양을 만드는 데 사용한 조각 수

조각	▲	■	◆	합계
조각 수(개)				

8 위 **7**의 표를 보고 ✕를 이용하여 그래프로 나타내 보세요.

3			
2			
1			
조각 수(개) / 조각	▲	■	◆

9 ▲ 조각은 ◆ 조각보다 몇 개 더 많이 사용했을까요?

➕ 사용한 ▲ 조각 수와 ◆ 조각 수의 차를 구해 봅니다.

( )

정미네 모둠 학생들이 좋아하는 동물을 조사하였습니다. 물음에 답하세요. [1~4]

정미네 모둠 학생들이 좋아하는 동물

1 지수가 좋아하는 동물을 찾아 써 보세요.

( )

2 토끼를 좋아하는 학생을 모두 찾아 이름을 써 보세요.

( )

3 조사한 자료를 보고 표로 나타내 보세요.

정미네 모둠 학생들이 좋아하는 동물별 학생 수

동물	고양이	강아지	토끼	합계
학생 수(명)				

4 정미네 모둠 학생은 모두 몇 명일까요?

( )

두리네 모둠 학생들이 가 보고 싶은 나라를 조사하였습니다. 물음에 답하세요. [5~8]

두리네 모둠 학생들이 가 보고 싶은 나라

5 호주에 가 보고 싶은 학생을 모두 찾아 이름을 써 보세요.

( )

6 조사한 자료를 보고 표로 나타내 보세요.

두리네 모둠 학생들이 가 보고 싶은 나라별 학생 수

나라	중국	미국	호주	합계
학생 수(명)				

7 위 6의 표를 보고 ◯를 이용하여 그래프로 나타내 보세요.

두리네 모둠 학생들이 가 보고 싶은 나라별 학생 수

3			
2			
1			
학생 수(명) / 나라	중국	미국	호주

8 위 7의 그래프의 가로에 나타낸 것은 무엇일까요?

( )

▶ 정답과 풀이 20쪽

점수 [　　] 확인 [　　]

⊕ 인아네 모둠 학생들이 사는 마을을 조사하여 표로 나타냈습니다. 물음에 답하세요.

[9~12]

인아네 모둠 학생들이 사는 마을별 학생 수

마을	별빛	달빛	꿈빛	한빛	합계
학생 수(명)	2	4	3	1	10

9 꿈빛 마을에 사는 학생은 몇 명일까요?

(　　　　　　)

10 표를 보고 ✕를 이용하여 그래프로 나타내 보세요.

인아네 모둠 학생들이 사는 마을별 학생 수

4				
3				
2				
1				
학생 수(명) / 마을	별빛	달빛	꿈빛	한빛

11 가장 많은 학생들이 사는 마을은 어느 마을일까요?

(　　　　　　)

잘 틀리는 문제 🔍

12 위 **10**의 그래프를 보고 알 수 있는 내용이면 ○표, 아니면 ✕표 하세요.

> 인아가 사는 마을은 꿈빛 마을입니다.

(　　　　　　)

⊕ 혜경이네 모둠 학생들의 취미를 조사하여 표로 나타냈습니다. 물음에 답하세요.

[13~15]

혜경이네 모둠 학생들의 취미별 학생 수

취미	운동	독서	게임	합계
학생 수(명)	3	1	4	8

13 표를 보고 ○를 이용하여 그래프로 나타내 보세요.

혜경이네 모둠 학생들의 취미별 학생 수

4			
3			
2			
1			
학생 수(명) / 취미	운동	독서	게임

14 위 **13**의 그래프에서 가로와 세로를 바꾸고, /을 이용하여 그래프로 나타내 보세요.

혜경이네 모둠 학생들의 취미별 학생 수

게임				
독서				
운동				
취미 / 학생 수(명)	1	2	3	4

15 운동보다 적은 학생들의 취미는 무엇일까요?

(　　　　　　)

16 모양을 만드는 데 사용한 조각 수를 표로 나타내 보세요.

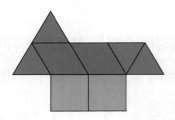

모양을 만드는 데 사용한 조각 수

조각	▲	■	◆	합계
조각 수(개)				

🔍 태현이네 모둠 학생들의 장래 희망을 조사하여 표로 나타냈습니다. 물음에 답하세요. [17~18]

태현이네 모둠 학생들의 장래 희망별 학생 수

장래 희망	선생님	의사	과학자	합계
학생 수(명)	2	3	1	6

17 표를 보고 ○를 이용하여 그래프로 나타내 보세요.

태현이네 모둠 학생들의 장래 희망별 학생 수

학생 수(명) / 장래 희망			

잘 틀리는 문제 🔍

18 의사는 과학자보다 몇 명 더 많을까요?

( )

19 표를 보고 현지네 모둠 학생은 모두 몇 명인지 풀이 과정을 쓰고 답을 구해 보세요.

현지네 모둠 학생들이 좋아하는 꽃별 학생 수

꽃	장미	튤립	국화	합계
학생 수(명)	2	1	5	

❶ 문제에 알맞은 식 만들기

풀이 _____

_____

❷ 현지네 모둠 학생 수 구하기

풀이 _____

_____

답 _____

20 그래프를 보고 잘못된 부분을 찾아 이유를 써 보세요.

유리네 모둠 학생들이 먹은 간식별 학생 수

샌드위치	/	/	/	/	/
우동	/			/	
김밥	/		/	/	
간식 / 학생 수(명)	1	2	3	4	5

이유 _____

온라인 변호사

온라인 변호사는 법의 도움을 받아야 하지만 변호사를 직접 찾아오기 힘든 사람들을 위해 인터넷에서 그들의 문제를 빠르고 쉽게 해결해 주는 일을 해요. 다른 사람의 고민을 소중히 여기고 이야기를 잘 들어주는 사람에게 꼭 맞는 직업이에요!

◯ 그림에서 사과, 자, 지우개, 안경을 찾아보세요.

▶ 정답 21쪽

6

규칙 찾기

규칙 찾기

빨간색, 파란색이 반복됩니다.

, 이 반복됩니다.

구두, 운동화, 운동화가 반복되는 규칙 만들기

무늬에서 색깔과 모양의 규칙을 찾아볼까요

1 **무늬에서 규칙을 찾아봅시다.**

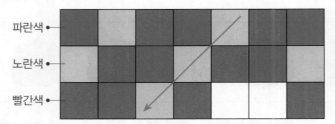

파란색 •
노란색 •
빨간색 •

(1) 규칙을 찾아 ☐ 안에 알맞은 말을 써넣거나 알맞은 말에 ◯표 하세요.

> • 파란색, ☐☐☐☐ , ☐☐☐☐☐ 이 반복됩니다.
> • ↙ 방향으로 (같은 , 다른) 색이 반복됩니다.

(2) 규칙에 따라 위의 빈칸에 알맞게 색칠해 보세요.

2 **무늬에서 규칙을 찾아봅시다.**

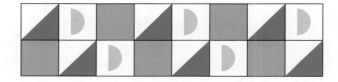

(1) 무늬를 숫자로 바꾸어 나타내 보세요.

> ◩ 은 1로, ◖ 은 2로, ■ 은 3으로 나타냅니다.

(2) 위 (1)에서 규칙을 찾아 써 보세요.

> ☐ , ☐ , 3이 반복됩니다.

기본 문제

1 그림을 보고 물음에 답하세요.

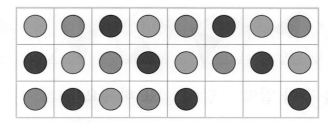

(1) 반복되는 무늬를 찾아 색칠해 보세요.

(2) 빈칸을 완성해 보세요.

2 규칙을 찾아 빈칸에 알맞은 모양을 그리고 색칠해 보세요.

3 그림을 보고 물음에 답하세요.

(1) 규칙에 맞게 빈칸에 알맞은 모양을 그리고 색칠해 보세요.

(2) 위의 그림에서 ♡은 **1**, ☆은 **2**, ◇은 **3**으로 바꾸어 나타내 보세요.

1	2	3	3	1	2	3

보충해 봐!
Basic
Book
35쪽

무늬에서 방향과 수의 규칙을 찾아볼까요

1 무늬에서 규칙을 찾아봅시다.

(1) 규칙을 찾아 알맞은 말에 ◯표 하세요.

초록색으로 색칠되어 있는 부분이
(시계 방향 , 시계 반대 방향)으로
돌아가고 있습니다.

(2) 규칙에 따라 위의 빈칸에 알맞게 색칠해 보세요.

2 무늬에서 규칙을 찾아봅시다.

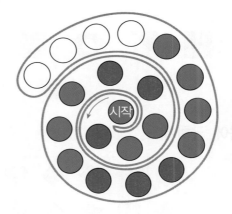

(1) 규칙을 찾아 써 보세요.

파란색, 빨간색이 각각 [ ]개씩 늘어나며 반복되고 있습니다.

(2) 규칙에 따라 무늬를 완성해 보세요.

기본 문제

○ 정답과 풀이 22쪽

6 단원
18 강

1 규칙을 찾아 ●을 알맞게 그려 보세요.

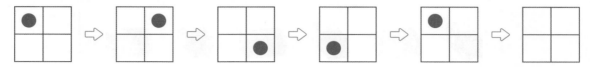

2 규칙을 찾아 빈칸에 알맞은 모양을 그리고 색칠해 보세요.

3 규칙을 찾아 그림을 완성해 보세요.

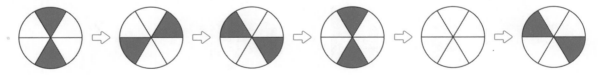

4 목걸이의 규칙을 찾아 알맞게 색칠해 보세요.

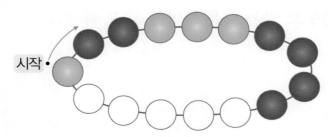

시작

보충해 봐!
Basic
Book
36쪽

3 쌓은 모양에서 규칙을 찾아볼까요

1 쌓기나무가 어떻게 쌓여 있는지 알아봅시다.

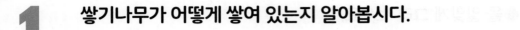

(1) 규칙을 찾아 알맞은 말에 ◯표 하세요.

> 빨간색 쌓기나무가 있고 쌓기나무 1개가
> 뒤와 (왼쪽 , 오른쪽)으로 번갈아 가며 나타나고 있습니다.

(2) 쌓기나무로 쌓을 다음 모양에 ◯표 하세요.

(   )   (   )

2 쌓기나무로 쌓은 규칙을 찾아봅시다.

(1) 규칙을 찾아 써 보세요.

> 쌓기나무가 2층에서 오른쪽으로 3층, ☐층으로 쌓이고 있습니다.

(2) 쌓기나무로 쌓을 다음 모양에 ◯표 하세요.

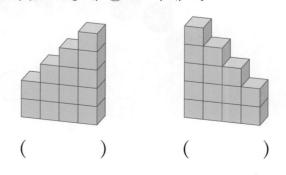

(   )   (   )

▶ 정답과 풀이 **22**쪽

1 규칙을 찾아 알맞은 말에 ◯표 하세요.

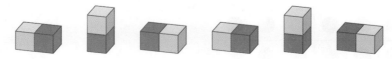

빨간색 쌓기나무가 있고 쌓기나무 1개가
왼쪽, 위, (왼쪽 , 오른쪽)으로 번갈아 가며 나타나고 있습니다.

2 규칙에 따라 쌓기나무를 쌓았습니다. 쌓기나무를 쌓은 규칙을 찾아 써 보세요.

(1)

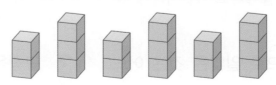

쌓기나무가 **2**층, ☐ 층으로 반복됩니다.

(2)

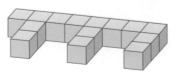

쌓기나무의 수가 왼쪽에서 오른쪽으로
☐ 개, ☐ 개, ☐ 개씩 반복됩니다.

3 규칙에 따라 쌓기나무를 쌓았습니다. 규칙을 바르게 말한 사람에 ◯표 하세요.

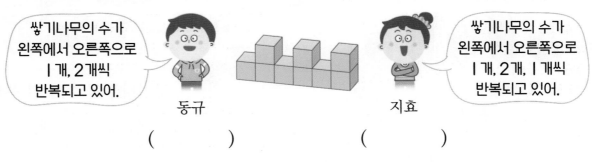

쌓기나무의 수가
왼쪽에서 오른쪽으로
1개, 2개씩
반복되고 있어.

동규

쌓기나무의 수가
왼쪽에서 오른쪽으로
1개, 2개, 1개씩
반복되고 있어.

지효

(   )   (   )

6. 규칙 찾기 **125**

개념 확인 · 실력 문제

◉✓ 무늬에서 규칙 찾기

⇨ 파란색, 노란색, 빨간색이 반복됩니다.

⇨ 빨간색으로 색칠되어 있는 부분이 시계 방향으로 돌아가고 있습니다.

◉✓ 쌓은 모양에서 규칙 찾기

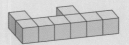

⇨ 쌓기나무의 수가 왼쪽에서 오른쪽으로 2개, 1개, 1개씩 반복됩니다.

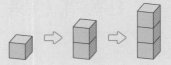

⇨ 쌓기나무가 위로 ☐개씩 늘어납니다.

---

1 반복되는 규칙으로 알맞은 것은 어느 것일까요? ( )

① ★ ★ ★   ② ★ ★ ★
③ ★ ★ ★   ④ ★ ★ ★
⑤ ★ ★ ★

2 규칙에 따라 쌓기나무를 쌓았습니다. 쌓기나무로 쌓을 다음 모양에 ○표 하세요.

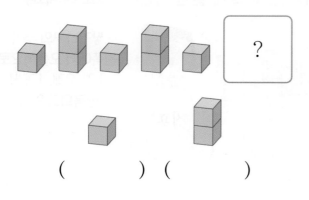

( ) ( )

3 규칙을 찾아 알맞게 색칠해 보세요.

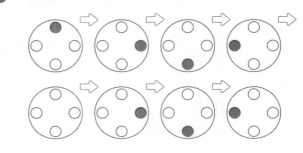

4 규칙에 따라 쌓기나무를 쌓았습니다. 쌓기나무를 쌓은 규칙을 찾아 써 보세요.

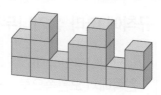

쌓기나무의 수가 왼쪽에서 오른쪽으로 ☐개, ☐개, ☐개씩 반복됩니다.

5 그림을 보고 잘못 말한 사람의 이름을 써 보세요.

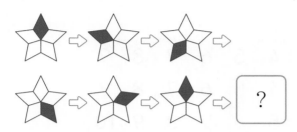

- 영희: 색칠된 부분이 시계 반대 방향으로 돌아갑니다.

- 은호: 다음 모양은 ⬠입니다.

( )

6 규칙에 따라 쌓기나무를 쌓았습니다. 물음에 답하세요.

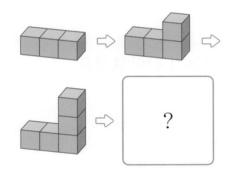

(1) 규칙을 찾아 써 보세요.

> 맨 오른쪽에 있는 쌓기나무 위에 쌓기나무가 ☐ 개씩 늘어나고 있습니다.

(2) 다음에 쌓을 쌓기나무는 모두 몇 개일까요?

( )

7 그림을 보고 물음에 답하세요.

(1) 위 그림에서 🍩은 **1**, ⭕은 **2**, 🍩은 **3**으로 바꾸어 나타내 보세요.

1	2	2	3	1

(2) 위 (1)의 규칙을 찾아 써 보세요.

_____

_____

교과서 역량 문제 ❓

8 규칙에 따라 쌓기나무를 쌓았습니다. 빈칸에 들어갈 모양을 만드는 데 필요한 쌓기나무는 모두 몇 개일까요?

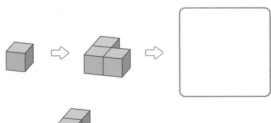

➕ 쌓기나무가 놓인 모양에서 규칙을 찾고 쌓기나무의 수가 변하는 규칙을 알아봅니다.

( )

덧셈표에서 규칙을 찾아볼까요

1 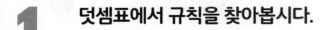 덧셈표에서 규칙을 찾아봅시다.

+	0	1	2	3	4	5	6	7	8	9
0	0	1	2	3	4	5	6	7	8	9
1	1	2	3	4	5	6	7	8	9	10
2	2	3	4	5	6	7	8	9	10	11
3	3	4	5	6	7	8	9	10	11	12
4	4	5	6	7	8	9	10	11	12	13
5	5	6	7	8	9	10	11	12	13	14
6	6	7	8	9	10	11	12	13		
7	7	8	9	10	11	12	13			
8	8	9	10	11	12	13	14			
9	9	10	11	12	13	14	15	16		

(1) 빈칸에 알맞은 수를 써넣으세요.

(2)   으로 색칠한 수에는 어떤 규칙이 있는지 찾아보세요.

> 오른쪽으로 갈수록 □ 씩 커집니다.

(3)   으로 색칠한 수에는 어떤 규칙이 있는지 찾아보세요.

> 아래로 내려갈수록 □ 씩 커집니다.

(4) 덧셈표에서 ↘ 방향으로 어떤 규칙이 있는지 찾아보세요.

> ↘ 방향으로 갈수록 □ 씩 커집니다.

기본 문제

1 덧셈표를 보고 물음에 답하세요.

+	1	2	3	4
1	2	3	4	5
2	3	4	5	6
3	4	5		
4	5	6		

(1) 빈칸에 알맞은 수를 써넣으세요.

(2) 덧셈표에서 찾을 수 있는 규칙에 ◯표 하세요.

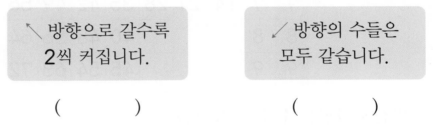

｜ 방향으로 갈수록
2씩 커집니다.

(   )

✓ 방향의 수들은
모두 같습니다.

(   )

2 빈칸에 알맞은 수를 써넣고, 덧셈표에서 규칙을 찾아봅시다.

+	1	3	5	7	9
1	2	4	6	8	10
3	4	6	8	10	12
5	6	8	10	12	14
7	8	10	12		
9	10	12	14		

아래로 내려갈수록 ☐ 씩 커집니다.

보충해 봐!
Basic
Book
38쪽

5 곱셈표에서 규칙을 찾아볼까요

1 곱셈표에서 규칙을 찾아봅시다.

×	1	2	3	4	5	6	7	8	9
1	1	2	3	4	5	6	7	8	9
2	2	4	6	8	10	12	14	16	18
3	3	6	9		15	18	21	24	27
4	4	8			24	28	32	36	
5	5	10	15	20	25	30	35	40	45
6	6	12	18	24	30	36	42	48	54
7	7	14	21	28	35	42	49	56	63
8	8			40	48	56	64	72	
9	9			45	54	63	72	81	

(1) 빈칸에 알맞은 수를 써넣으세요.

(2) ▨으로 색칠한 수에는 어떤 규칙이 있는지 찾아보세요.

> 오른쪽으로 갈수록 ☐ 씩 커집니다.

(3) ▨으로 색칠한 수에는 어떤 규칙이 있는지 찾아보세요.

> 아래로 내려갈수록 ☐ 씩 커집니다.

(4) 2단, 4단, 6단, 8단 곱셈구구에 있는 수는 모두 홀수와 짝수 중에서 무엇일까요?

( )

1 곱셈표를 보고 물음에 답하세요.

×	1	2	3	4
1	1	2	3	4
2	2			8
3	3		9	12
4	4	8		16

(1) 빈칸에 알맞은 수를 써넣으세요.

(2) 4단 곱셈구구에 있는 수의 규칙을 찾아 써 보세요.

4단 곱셈구구에 있는 수는 아래로 내려갈수록 [ ]씩 커집니다.

2 곱셈표에서 규칙을 찾아봅시다.

×	1	3	5	7	9
1	1	3	5	7	9
3	3	9		21	27
5		15	25	35	45
7	7	21	35		
9	9	27	45		

(1) 빈칸에 알맞은 수를 써넣으세요.

(2) 곱셈표에 있는 수들은 모두 홀수와 짝수 중에서 무엇일까요?

( )

보충해 봐!
Basic
Book
39쪽

6 생활에서 규칙을 찾아볼까요

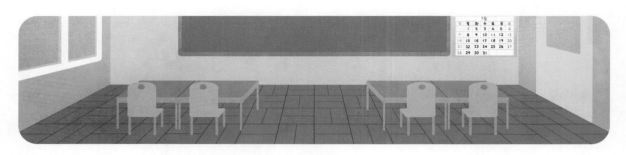

1 바닥 무늬에서 규칙을 찾아봅시다.

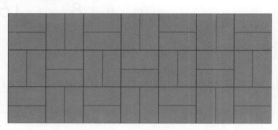

사각형(▬)이 ☐ 개씩 가로, 세로로 반복됩니다.

2 달력에서 규칙을 찾아봅시다.

7월						
일	월	화	수	목	금	토
	1	2	3	4	5	6
7	8	9	10	11	12	13
14	15	16	17	18	19	20
21	22	23	24	25	26	27
28	29	30	31			

(1) 월요일은 며칠마다 반복될까요?

(   )

(2) 모든 요일은 며칠마다 반복될까요?

(   )

기본 문제

1 지붕에 있는 규칙을 찾아 써 보세요.

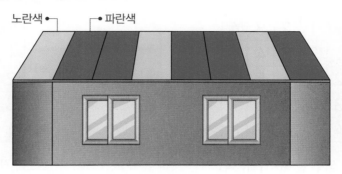

노란색 ● ┌● 파란색

지붕의 색이 _____ 순으로 반복됩니다.

2 컴퓨터 자판의 수에 있는 규칙을 찾아 써 보세요.

위로 올라갈수록 _____

3 신발장 번호에 있는 규칙을 찾아 떨어진 번호판의 수를 써 보세요.

· 1	· 2	· 3	· 4	· 5
· 6	· 7		· 9	· 10
· 11	·	· 13	· 14	· 15
· 16	· 17	· 18	· 19	·
· 21	· 22	· 23	·	· 25

보충해 봐!
Basic
Book
40쪽

덧셈표에서 규칙 찾기

+	1	2	3	4
1	2	3	4	5
2	3	4	5	6
3	4	5	6	7
4	5	6	7	8

- 　　 으로 색칠한 수의 규칙:
  아래로 내려갈수록 1씩 커집니다.
- 　　 으로 색칠한 수의 규칙:
  오른쪽으로 갈수록 [ ]씩 커집니다.

곱셈표에서 규칙 찾기

×	1	2	3	4
1	1	2	3	4
2	2	4	6	8
3	3	6	9	12
4	4	8	12	16

- 　　 으로 색칠한 수의 규칙:
  아래로 내려갈수록 3씩 커집니다.
- 　　 으로 색칠한 수의 규칙:
  오른쪽으로 갈수록 4씩 커집니다.

덧셈표를 보고 물음에 답하세요. [1~2]

+	2	4	6	8
2	4			10
4		8	10	
6	8		12	
8	10	12	14	16

1 빈칸에 알맞은 수를 써넣으세요.

2 덧셈표의 규칙을 바르게 설명한 것의 기호를 써 보세요.

> ㉠ 같은 줄에서 오른쪽으로 갈수록 1씩 커집니다.
> ㉡ 같은 줄에서 아래로 내려갈수록 2씩 커집니다.

(　　　　)

곱셈표를 보고 물음에 답하세요. [3~4]

×	4	5	6	7
4			24	28
5	20		30	
6		30	36	
7	28		42	

3 위 곱셈표의 빈칸에 알맞은 수를 써넣으세요.

4 곱셈표에서 　　 으로 색칠한 곳과 규칙이 같은 곳을 찾아 색칠해 보세요.

▶ 정답과 풀이 **24**쪽

5 비행기 출발 시간표에서 제주행과 김포행의 규칙을 찾아 써 보세요.

	출발 시각
제주행	8:00 9:00 10:00 11:00 12:00
김포행	8:30 9:30 10:30 11:30 12:30

6 공연장 의자 번호에서 규칙을 찾아 물음에 답하세요.

왼쪽			무대					오른쪽
1	2	3	4	5	6	7	8	9
10	11	12	13	14	15	16	17	18
19	20	21	22	23	24	25	26	27
28	29	30	31	32	33	34	35	36

(1) 공연장 의자 번호에서 찾을 수 있는 규칙을 써 보세요.

세로로 같은 줄에서 무대에서 멀어질수록 수가 ☐ 씩 커집니다.

(2) 하니의 의자는 무대 앞에서 세 번째 줄의 왼쪽에서 두 번째 자리입니다. 하니의 자리를 찾아 ○표 하세요.

7 덧셈표의 빈칸에 알맞은 수를 써넣고, 덧셈표에서 규칙을 찾아 써 보세요.

+	1		3	4
1	2	3	4	
3	4		6	7
	6	7	8	9
7	8	9		11

교과서 역량 문제 💡

8 곱셈표에서 규칙을 찾아 빈칸에 알맞은 수를 써넣으세요.

		4	
	6	9	
		12	16

➕ 오른쪽으로 갈수록, 아래로 내려갈수록 몇씩 커지는지 알아봅니다.

단원 마무리

그림을 보고 물음에 답하세요. [1~2]

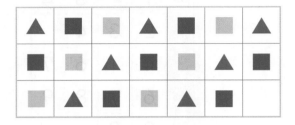

1 규칙을 바르게 설명한 것의 기호를 써 보세요.

> ㉠ 모양은 △, □, △이 반복됩니다.
>
> ㉡ 색깔은 빨간색, 파란색, 노란색이 반복됩니다.

(   )

2 빈칸을 완성해 보세요.

3 규칙을 찾아 그림을 완성해 보세요.

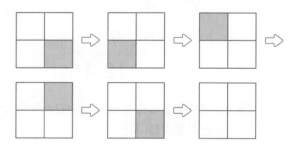

4 규칙에 따라 쌓기나무를 쌓았습니다. 규칙을 찾아 써 보세요.

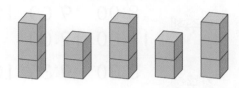

> 쌓기나무가 3층, ☐ 층으로 반복됩니다.

덧셈표를 보고 물음에 답하세요. [5~7]

+	3	4	5	6
3	6	7	8	9
4	7	8	9	10
5	8	9		
6	9	10	11	

5 빈칸에 알맞은 수를 써넣으세요.

6 ☐으로 색칠한 수는 오른쪽으로 갈수록 몇씩 커질까요?

(   )

7 ☐으로 색칠한 수는 ＼ 방향으로 갈수록 몇씩 커질까요?

(   )

곱셈표를 보고 물음에 답하세요. [8~9]

×	2	4	6	8
2	4	8	12	16
4	8	16	24	32
6	12			48
8	16			64

8 빈칸에 알맞은 수를 써넣으세요.

9 ▭으로 색칠한 수는 아래로 내려갈수록 몇씩 커질까요?

(　　　　　　)

무늬를 보고 물음에 답하세요. [10~11]

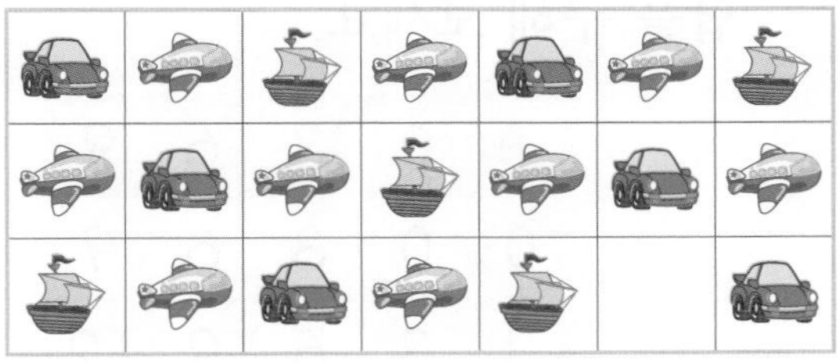

10 빈칸에 알맞은 모양을 찾아 ○표 하세요.

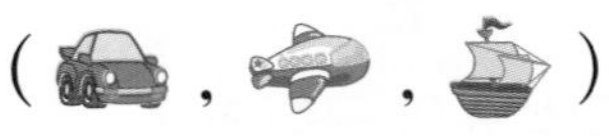

11 위에서 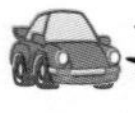는 1, 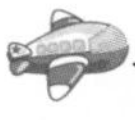는 2, 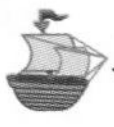는 3으로 바꾸어 나타내 보세요.

1	2	3	2			

달력을 보고 물음에 답하세요. [12~13]

12월

일	월	화	수	목	금	토
1	2	3	4	5	6	7
8	9	10	11	12	13	14
15	16	17	18	19	20	21
22	23	24	25	26	27	28
29	30	31				

12 같은 줄에서 아래로 내려갈수록 몇씩 커질까요?

(　　　　　　)

13 ▭으로 색칠한 수는 ↘ 방향으로 갈수록 몇씩 커질까요?

(　　　　　　)

규칙에 따라 쌓기나무를 쌓았습니다. 물음에 답하세요. [14~15]

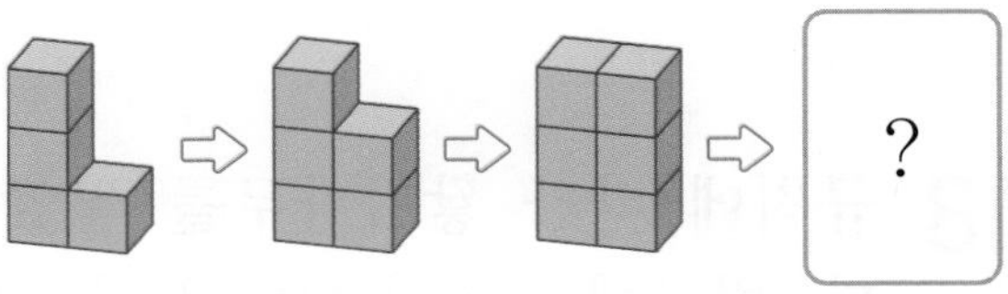

14 쌓기나무를 쌓은 규칙을 찾아 써 보세요.

잘 틀리는 문제

15 다음에 쌓을 쌓기나무는 모두 몇 개일까요?

(　　　　　　)

16 팔찌의 규칙을 찾아 알맞게 색칠해 보세요.

시작 •

17 곱셈표에서 규칙을 찾아 빈칸에 알맞은 수를 써넣으세요.

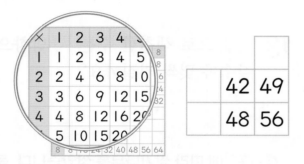

	42	49
	48	56

18 규칙에 따라 쌓기나무를 쌓았습니다. 빈칸에 들어갈 모양을 만드는 데 필요한 쌓기나무는 모두 몇 개일까요?

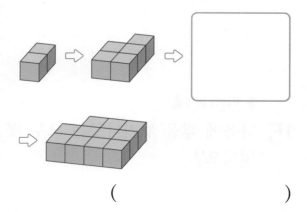

(   )

19 규칙을 찾아 그림을 완성하려고 합니다. 풀이 과정을 쓰고 그림을 완성해 보세요.

❶ 색칠된 부분의 규칙 찾기

풀이 _____

❷ 그림 완성하기

20 덧셈표에서 빈칸에 알맞은 수를 써넣으려고 합니다. 풀이 과정을 쓰고 답을 구해 보세요.

+	0	3	6	9
0	0	3	6	9
3	3	6	9	12
6	6	9	12	15
9	9	12		18

❶ 덧셈표의 규칙 찾기

풀이 _____

❷ 빈칸에 알맞은 수 구하기

풀이 _____

해조류 재배자

<u>해조류</u> 재배자는 미래의 식량 문제를 해결하기 위해 해조류 재배를 연구하는 일을 해요.
바다에서
나는 식물

바다의 환경에 관심이 많거나 자연 가까이에서

일하고 싶은 사람에게 꼭 맞는 직업이에요!

◯ 그림을 색칠하며 '해조류 재배자'라는 직업을 상상해 보세요.

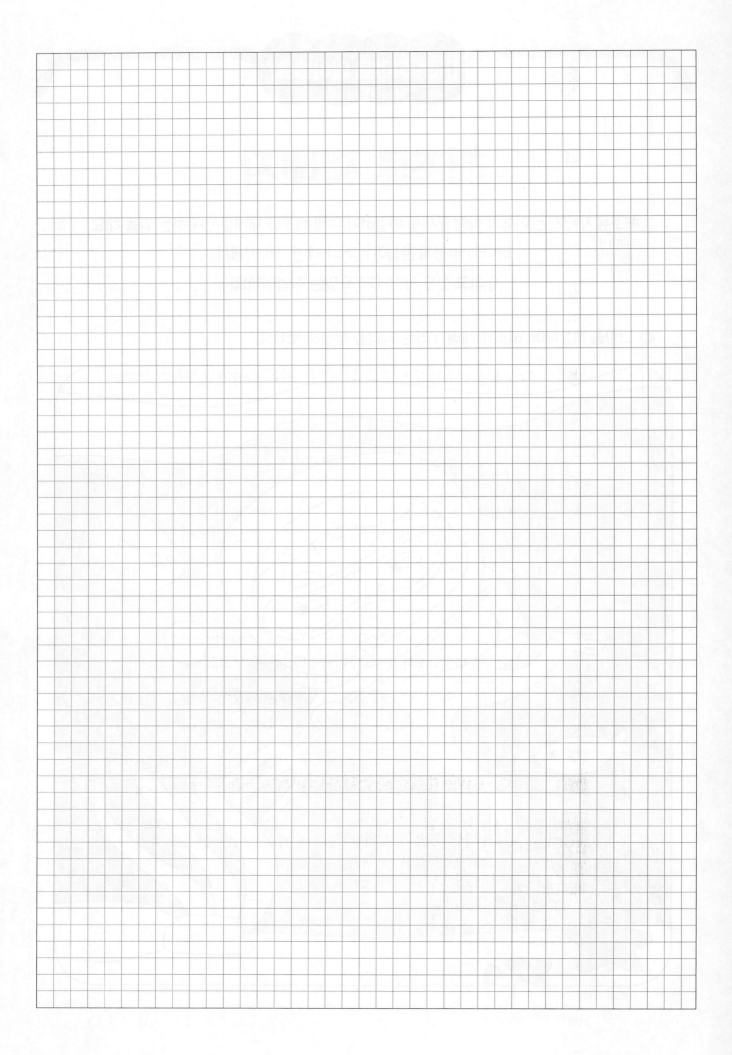

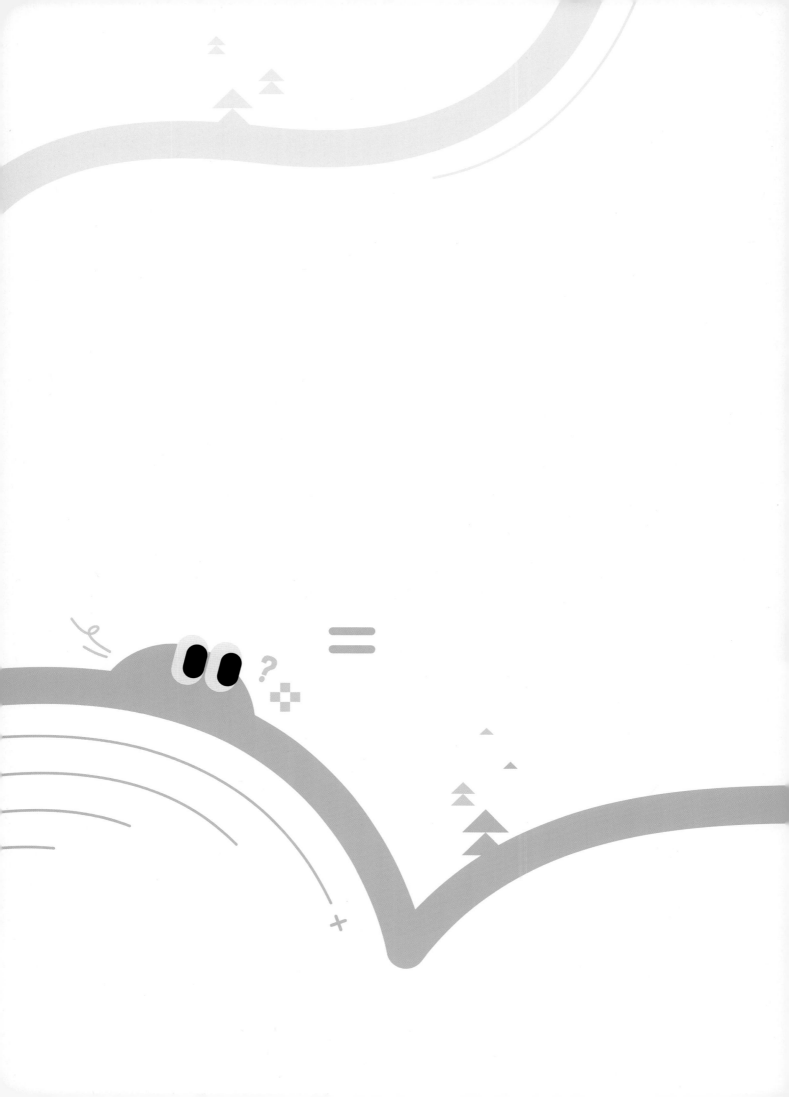

정답과 풀이

초등 수학

2·2

visang

우리는 남다른 상상과 혁신으로
교육 문화의 새로운 전형을 만들어
모든 이의 행복한 경험과 성장에 기여한다

ABOVE IMAGINATION

우리는 남다른 상상과 혁신으로
교육 문화의 새로운 전형을 만들어
모든 이의 행복한 경험과 성장에 기여한다

교과서
개념
잡기

정답과 풀이

초등 수학

2·2

정답과 풀이

1 네 자리 수

8쪽 교과서 **개념 ①**

1 (1) 10 / 1　(2) 1000개
2 (1) 100　(2) 10

9쪽 수학 익힘 **기본 문제**

1 10, 1000, 천
2 (1) 998, 1000　(2) 960, 980, 1000
3 (1) 200　(2) 300　　**4** (　)(○)

2 (1) 1000은 998보다 2만큼 더 큰 수입니다.
　(2) 1000은 960보다 40만큼 더 큰 수, 980
　　보다 20만큼 더 큰 수입니다.

4 999보다 1만큼 더 작은 수는 998입니다.

10쪽 교과서 **개념 ②**

1 (1) 1, 4　(2) 4000원
　(3) 예
　　0 1000 2000 3000 4000 5000 6000 7000 8000 9000
2 예　1000 1000 1000 1000 1000 1000 1000 1000 1000
　/ 7, 칠천

11쪽 수학 익힘 **기본 문제**

1 (1) 6000, 육천　(2) 3000, 삼천
2 •∙∙∙∙
3 (1) 2000　(2) 8000

1 (1) 색종이가 1000장씩 6묶음이면 6000이
　　고, 육천이라고 읽습니다.
　(2) 1000원짜리 지폐 2장, 100원짜리 동전
　　10개이면 3000이고, 삼천이라고 읽습니다.

3 (1) 천 모형이 2개이면 2000입니다.
　(2) 천 모형이 8개이면 8000입니다.

12쪽 교과서 **개념 ③**

1 (1) 1, 3, 2, 5
　(2) 1000, 100, 10, 1 / 1, 3, 2, 5
　　/ 1325장

13쪽 수학 익힘 **기본 문제**

1 (1) 4, 2, 3, 8, 4238, 사천이백삼십팔
　(2) 5, 4, 0, 2, 5402, 오천사백이
2 예

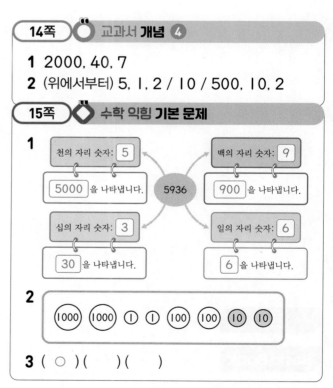

　/ 2, 4, 7, 6

1 (2) 자리의 숫자가 0이면 읽지 않습니다.

14쪽 교과서 **개념 ④**

1 2000, 40, 7
2 (위에서부터) 5, 1, 2 / 10 / 500, 10, 2

15쪽 수학 익힘 **기본 문제**

1

천의 자리 숫자: 5		백의 자리 숫자: 9
5000 을 나타냅니다.	5936	900 을 나타냅니다.
십의 자리 숫자: 3		일의 자리 숫자: 6
30 을 나타냅니다.		6 을 나타냅니다.

2 1000 1000 ① ① 100 100 10 10

3 (○)(　)(　)

2 밑줄 친 숫자 2는 십의 자리 숫자이고 20을 나
타냅니다.

3 각 수에서 백의 자리 숫자를 알아봅니다.
3081 ⇨ 0, 오천백(5100) ⇨ 1, 4790 ⇨ 7

2154 / 300

1 1000

2 (선 연결)

3 (1) 70　(2) 4000
4 2680, 이천육백팔십　**5** 400, 2
6 예

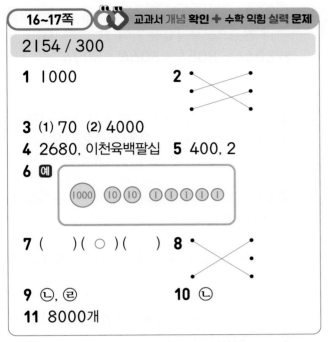

7 (　)(○)(　)　**8** (선 연결)

9 ㉡, ㉣　　　**10** ㉡
11 8000개

---

3 (1) 6179에서 7은 십의 자리 숫자이고 70을
나타냅니다.
　(2) 4526에서 4는 천의 자리 숫자이고 4000
을 나타냅니다.

4 1000이 2개, 100이 6개, 10이 8개이면
2680이고, 이천육백팔십이라고 읽습니다.

5 7452에서 천의 자리 숫자 7은 7000을, 백의
자리 숫자 4는 400을, 십의 자리 숫자 5는
50을, 일의 자리 숫자 2는 2를 나타냅니다.
　⇨ 7452=7000+400+50+2

6 1025는 (1000) 1개, (10) 2개, (1) 5개로 그릴 수
있습니다.

7 각 수에서 백의 자리 숫자가 나타내는 값을 알
아봅니다.
3946 ⇨ 900, 8321 ⇨ 300,
5430 ⇨ 400

8 • 백 모형 2개는 200을 나타내고, 십 모형 10개
는 100을 나타내므로 수 모형은 모두 300을
나타냅니다.

(수직선)
0　100　200　300　400　500　600　700　800　900　1000
　⇨ 300은 1000이 되려면 700이 더 있어야
합니다.

• 100이 5개이므로 500을 나타냅니다.

(수직선)
0　100　200　300　400　500　600　700　800　900　1000
　⇨ 500은 1000이 되려면 500이 더 있어야
합니다.

9 각 수에서 십의 자리 숫자를 알아봅니다.
　㉠ 1470 ⇨ 7　　㉡ 육천이백오(6205) ⇨ 0
　㉢ 사천십구(4019) ⇨ 1　　㉣ 9500 ⇨ 0

10 ㉡ 공책 1권은 1000원짜리 지폐 2장, 필통 1개
는 1000원짜리 지폐 5장이 필요하므로 모
두 7000원이 필요합니다.

11 100개씩 10상자는 1000개이므로 80상자에
들어 있는 지우개는 모두 8000개입니다.

---

1 (위에서부터) 9980 / 9990
　/ 9997, 9998, 9999
2 (1) 2000, 4000, 7000 / 1
　(2) 9300, 9500, 9800 / 1
　(3) 9910, 9960, 9980 / 1
　(4) 9992, 9994, 9999 / 1

1 (1) 4200, 5200, 6200
　(2) 5698, 5798, 5998
　(3) 7090, 7100, 7110
　(4) 4853, 4856, 4857
2 (1) 100　(2) 1

---

1 (1) 1000씩 뛰어 세면 천의 자리 수가 1씩 커
집니다.
　(2) 100씩 뛰어 세면 백의 자리 수가 1씩 커집
니다.
　(3) 10씩 뛰어 세면 십의 자리 수가 1씩 커집니다.
　참고 백의 자리로 올림이 있는 경우는 백의 자리
숫자까지 함께 생각합니다.
　(4) 1씩 뛰어 세면 일의 자리 수가 1씩 커집니다.

2 (1) 8620에서 8720으로 백의 자리 수가 1만
큼 더 커졌으므로 100씩 뛰어 센 것입니다.
　(2) 3457에서 3458로 일의 자리 수가 1만큼
더 커졌으므로 1씩 뛰어 센 것입니다.

20쪽 교과서 **개념 ❻**

1 (1) 2, 1, 5, 6 (2) <
2 (1) (위에서부터) 9, 2 / 1, 4
　　(2) 4923, 5800

21쪽 수학 익힘 **기본 문제**

1 (위에서부터) 4, 8 / 9, 0 / <
2 (1) > (2) < (3) < (4) >
3 (　)(○)(　) **4** (○)(　)

1 천, 백의 자리 수가 각각 같으므로 십의 자리 수를 비교합니다. ⇨ 3248 < 3290
　　　　　　　　└4<9┘

2 (1) 천의 자리 수가 같으므로 백의 자리 수를 비교합니다. ⇨ 1908 > 1820
　　　　　　　　　　└9>8┘

　　(2) 천, 백, 십의 자리 수가 각각 같으므로 일의 자리 수를 비교합니다. ⇨ 4712 < 4717
　　　　　　　　　　　　└2<7┘

　　(3) 천, 백의 자리 수가 각각 같으므로 십의 자리 수를 비교합니다. ⇨ 2345 < 2381
　　　　　　　　　　　└4<8┘

　　(4) 천의 자리 수를 비교합니다. ⇨ 6565 > 5656
　　　　　　　　　　　　└6>5┘

3 천의 자리 수를 비교하면 8>7이므로 가장 작은 수는 7999입니다.

22~23쪽 교과서 **개념 확인 ✚** 수학 익힘 **실력 문제**

1 / <, >

1 (1) 10 (2) 8074 　**2** (　)(○)
3
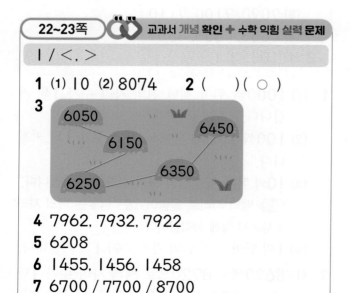
6050　6450
6150
6250　6350

4 7962, 7932, 7922
5 6208
6 1455, 1456, 1458
7 6700 / 7700 / 8700
8 ㉡　　　　　　**9** 실, 내, 화
10 2358　　　　**11** 1, 2, 3

1 (1) 8024에서 8034로 십의 자리 수가 1만큼 더 커졌으므로 10씩 뛰어 센 것입니다.
　　(2) 8044 − 8054 − 8064 − 8074
　　　　　　　　　　　　　　 ㉠

2 천, 백, 십의 자리 수가 각각 같으므로 일의 자리 수를 비교합니다. ⇨ 2314 < 2319
　　　　　　　　　　　　　└4<9┘

3 6050부터 백의 자리 수가 1씩 커지는 수들을 선으로 잇습니다.

4 10씩 거꾸로 뛰어 세면 십의 자리 수가 1씩 작아집니다.

5 천의 자리 수를 비교하면 5<6이므로 가장 작은 수는 5901입니다.
5901을 제외하고 남은 두 수의 크기를 비교하면 6199 < 6208이므로 가장 큰 수는 6208
　　　　　　└1<2┘
입니다.

6 1453에서 1454로 일의 자리 수가 1만큼 더 커졌으므로 1씩 뛰어 센 것입니다.

7 한 달에 1000원씩 계속 저금하므로 10월부터 12월까지 1000씩 뛰어 셉니다.
　⇨ 5700 − 6700 − 7700 − 8700
　　　9월　　10월　　11월　　12월

8 ㉠ 1000이 6개인 수는 6000입니다.
　㉡ 1000이 7개, 100이 10개인 수는 8000입니다.
　⇨ 6000 < 8000

9 → 방향으로 일의 자리 수가 1씩 커지고, ↓ 방향으로 십의 자리 수가 1씩 커집니다.
내: 4613, 실: 4621, 장: 4623, 화: 4630, 복: 4631

10 가장 작은 네 자리 수를 만들려면 천의 자리부터 차례대로 작은 수를 놓습니다.
　⇨ 2<3<5<8이므로 가장 작은 네 자리 수는 2358입니다.

11 3486>□297이므로 3>□이거나 □=3
입니다. □=3일 때, 3486>3297이므로
□ 안에 들어갈 수 있는 수는 1, 2, 3입니다.

24~26쪽 🔷 **단원 마무리**

💬 서술형 문제는 풀이를 꼭 확인하세요!

1 400　　　　　　　**2** 8000, 팔천
3 7305　　　　　　　**4** 5, 9, 7, 6
5 6193　　　　　　　**6** ㉢
7 1130, 1330, 1530
8 2046　　　　　　　**9** >
10 4000, 700, 90, 0
11 9286, 9287, 9289
12 •　•　　　　**13** (　)(○)(　)
　　•　•　　　　**14** ㉡
15 4950 / 5950 / 6950
16 ㉠　　　　　　　**17** 7000개
18 8, 9　　　💬**19** 5000개
💬**20** 9642

6 ㉢ 10이 10개인 수는 100입니다.

7 100씩 뛰어 세면 백의 자리 수가 1씩 커집니다.

8 1000이 2개, 10이 4개, 1이 6개이면 2046
입니다.

9 6492>6482
　　└9>8┘

11 9284에서 9285로 일의 자리 수가 1만큼 더
커졌으므로 1씩 뛰어 센 것입니다.

12 •수 모형은 200을 나타내므로 1000이 되려
면 800이 더 있어야 합니다.
•100원짜리 동전이 3개, 10원짜리 동전이
10개이면 400이므로 1000이 되려면 600
이 더 있어야 합니다.

13 각 수에서 숫자 6이 나타내는 값을 알아봅니다.
5968 ⇨ 60, 6074 ⇨ 6000,
1698 ⇨ 600
따라서 숫자 6이 나타내는 값이 가장 큰 수는
6074입니다.

14 ㉠ 1000이 7개인 수는 7000입니다.
㉡ 1000이 5개, 100이 10개인 수는 6000
입니다.
⇨ 7000>6000

15 한 달에 1000원씩 계속 저금하므로 5월부터
7월까지 1000씩 뛰어 셉니다.
⇨ 3950－4950－5950－6950
　　4월　　5월　　6월　　7월

16 ㉠ 칠천이백삼을 수로 나타내면 7203입니다.
각 수의 백의 자리 숫자를 알아보면
㉠ 7203 ⇨ 2, ㉡ 2529 ⇨ 5이므로 백의
자리 숫자가 2인 수는 ㉠입니다.

17 100개씩 10상자는 1000개이므로 70상자에
들어 있는 초콜릿은 모두 7000개입니다.

18 7394<□102이므로 7<□이거나 □=7
입니다. □=7일 때, 7394>7102이므로
□ 안에 들어갈 수 있는 수는 8, 9입니다.

💬**19** ❶ 예 1000이 5개인 수는 5000입니다.
❷ 예 바구니 5개에 담긴 콩은 모두 5000개
입니다.

채점 기준	
❶ 1000이 5개인 수 알아보기	3점
❷ 바구니 5개에 담긴 콩의 수 구하기	2점

💬**20** ❶ 예 가장 큰 네 자리 수를 만들려면 천의 자
리부터 차례대로 큰 수를 놓습니다.
❷ 예 9>6>4>2이므로 만들 수 있는 가장
큰 네 자리 수는 9642입니다.

채점 기준	
❶ 가장 큰 네 자리 수를 만드는 방법 쓰기	2점
❷ 만들 수 있는 가장 큰 네 자리 수 구하기	3점

미래 직업을 알아봐요!

화상 통화 디자이너

2 곱셈구구

30쪽 교과서 개념 ①

1 (1) 3 / 4 (2) 2 (3) 2개
2 2, 10 / (위에서부터) 2, 10

31쪽 수학 익힘 기본 문제

1 12 / 12   **2** (1) 7, 14 (2) 8, 16
3 (1) 2 (2) 10   **4** (선으로 연결된 그림)

1 풍선은 2개씩 6묶음이므로 덧셈식으로 나타내면 2+2+2+2+2+2=12이고, 곱셈식으로 나타내면 2×6=12입니다.

2 (1) 2개씩 7묶음이므로 곱셈식으로 나타내면 2×7=14입니다.
  (2) 2개씩 8묶음이므로 곱셈식으로 나타내면 2×8=16입니다.

4 2×3=6, 2×4=8, 2×9=18

32쪽 교과서 개념 ②

1 (1)

| 5×3 |
| (동그라미 그림) |

  (2) 5 (3) 5개

2 5, 20 / (위에서부터) 5, 20

33쪽 수학 익힘 기본 문제

1 6, 30
2 (1) 예 (표시된 그림) / 4, 20
  (2) 예 (표시된 그림) / 7, 35
3 (1) 9 (2) 5   **4** (1) 10 (2) 25

1 감은 5개씩 6묶음이므로 곱셈식으로 나타내면 5×6=30입니다.

2 (1) 5개씩 묶으면 4묶음이므로 곱셈식으로 나타내면 5×4=20입니다.
  (2) 5개씩 묶으면 7묶음이므로 곱셈식으로 나타내면 5×7=35입니다.

34쪽 교과서 개념 ③

1 (1) 3개 (2) 3, 12 / (위에서부터) 3, 12
2 (1) 6 (2) (위에서부터) 6, 18 / 18, 18

35쪽 수학 익힘 기본 문제

1 (1) 4, 12 (2) 5, 15
2 6, 36
3 (1) 18 (2) 24 (3) 18 (4) 24
4 (   )(○)

1 (1) 3씩 4묶음 ⇨ 3×4=12
  (2) 3씩 5묶음 ⇨ 3×5=15

2 필통 한 개에 연필이 6자루씩 필통 6개에 있으므로 곱셈식으로 나타내면 6×6=36입니다.

3 (1) 3씩 6번 뛰어 세면 18입니다.
    ⇨ 3×6=18
  (2) 3씩 8번 뛰어 세면 24입니다.
    ⇨ 3×8=24
  (3) 6씩 3번 뛰어 세면 18입니다.
    ⇨ 6×3=18
  (4) 6씩 4번 뛰어 세면 24입니다.
    ⇨ 6×4=24

4 3×3=9

36쪽 교과서 **개념 ④**

1 (1) 4개 (2) 4, 12 / (위에서부터) 4, 12
2 (1) 8 (2) (위에서부터) 8, 24 / 24, 24

37쪽 수학 익힘 **기본 문제**

1 9, 36　　　　　　**2** 7, 56
3 🍅🍅🍅🍅 ◯◯◯◯ ◯◯◯◯ ◯◯◯◯ ◯◯◯◯
4 (1) 16 (2) 28 (3) 40 (4) 64

1 양파는 4개씩 9묶음이므로 곱셈식으로 나타내
　면 4×9=36입니다.

2 문어의 다리는 8개이고 문어는 7마리이므로 곱
　셈식으로 나타내면 8×7=56입니다.

3 4×5=20은 4씩 5묶음이므로 각 접시마다
　◯를 4개씩 그립니다.

38쪽 교과서 **개념 ⑤**

1 (1) (위에서부터) 7, 14, 7, 21
　(2) 7 cm (3) 7, 7, 35
2 (위에서부터) 7, 28 / 28

39쪽 수학 익힘 **기본 문제**

1 2, 14　　　　　　**2** 6, 42
3 (1) 56 (2) 49　　**4** ✕ (선 연결)

1 7씩 2번 뛰어 세었으므로 7×2=14입니다.

2 사과는 한 봉지에 7개씩 6봉지이므로 곱셈식으
　로 나타내면 7×6=42입니다.

4 7×9=63, 7×3=21, 7×5=35

40쪽 교과서 **개념 ⑥**

1 (1) (위에서부터) 9, 9, 18, 9, 27
　(2) 9개 (3) 36개
2 (위에서부터) 9, 45 / 18, 27, 18, 27, 45

41쪽 수학 익힘 **기본 문제**

1 8, 72
2 (1) 3, 27 (2) 6, 54
3 (1) 9 (2) 36
4
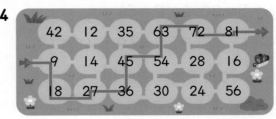

1 과자는 한 상자에 9개씩 8상자이므로 곱셈식으
　로 나타내면 9×8=72입니다.

2 (1) 9 cm씩 3번 이동했으므로 곱셈식으로 나타
　내면 9×3=27입니다.
　(2) 9 cm씩 6번 이동했으므로 곱셈식으로 나타
　내면 9×6=54입니다.

4 9×1=9, 9×2=18, 9×3=27,
　9×4=36, 9×5=45, 9×6=54,
　9×7=63, 9×8=72, 9×9=81

42~43쪽 교과서 개념 확인 ✚ 수학 익힘 **실력 문제**

9

1 (1) 2 (2) 4
2 (1) 20 (2) 14 (3) 72
3 15 / (수직선)
4

6	14	42
18	30	53
27	52	54

5 <　　　　　　　　**6** ㉡
7 예 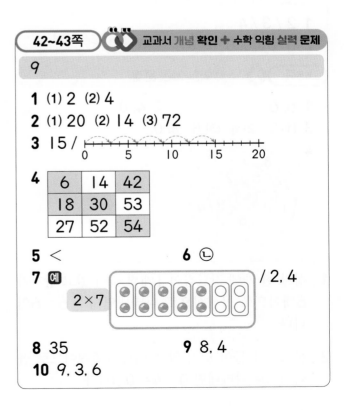 / 2, 4

8 35　　　　　　　　**9** 8, 4
10 9, 3, 6

3 3×5는 3씩 5번 뛰어 세면 되므로 수직선에
3칸씩 5번 나타냅니다.
⇨ 3×5=15

4 6×1=6, 6×7=42, 6×3=18,
6×5=30, 6×9=54

5 9×5=45, 7×7=49 ⇨ 45<49

6 ㉡ 8×2의 곱으로 구합니다.

8 블록 한 개의 길이는 7 cm이므로
블록 5개의 길이는 7×5=35(cm)입니다.

9 • 3단 곱셈구구를 이용하면 3×8=24입니다.
• 6단 곱셈구구를 이용하면 6×4=24입니다.

10 4×③=12(×), 4×⑥=24(×),
4×⑨=36(○)

44쪽 교과서 **개념 ⑦**

1 2 / 3 / 4
2 (1) 0 / 0, 0 (2) 0점

45쪽 수학 익힘 **기본 문제**

1 6, 6   **2** 4, 0
3 (1) 7 (2) 4 (3) 0 (4) 0
4

(원형 그림: 가운데 ×1, 바깥쪽 숫자 8, 2, 1, 5, 5, 9 등)

1 상자 한 개에 장난감이 1개씩 들어 있고 상자가
6개이므로 곱셈식으로 나타내면 1×6=6입니
다.

2 물고기가 들어 있지 않은 어항이 4개이므로 곱
셈식으로 나타내면 0×4=0입니다.

4

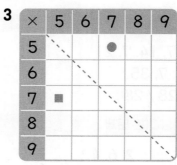

㉠ 1×2=2
㉡ 1×9=9
㉢ 1×5=5
㉣ 1×1=1

46쪽 교과서 **개념 ⑧**

1 (1) (위에서부터) 0, 0 / 4, 5 / 16 / 3, 6 / 4,
8, 28, 32 / 45 / 18, 24, 54 / 63 /
16 / 45, 54, 63
(2) 4 / 5, 0 (3) 같습니다.
(4) 16, 16, 같습니다

47쪽 수학 익힘 **기본 문제**

1 (위에서부터) 4, 12 / 16, 32 / 12, 36, 48
/ 16, 32
2 6×4
3

×	5	6	7	8	9
5			●		
6					
7	■				
8					
9					

2 곱셈에서 곱하는 두 수의 순서를 바꾸어도 곱은
같으므로 4×6과 곱이 같은 곱셈구구는 6×4
입니다.

3 점선을 따라 접었을 때 만나는 곳을 찾습니다.

48쪽 교과서 **개념 ⑨**

1 (1) 5, 10 (2) 5, 2, 10
2 (1) 2, 14 (2) 3, 14

49쪽 수학 익힘 **기본 문제**

1 36   **2** 2, 10
3 21명   **4** 30송이

1 연필 한 자루의 길이는 $9\,cm$이고 연필이 4자루이므로 길이는 $9 \times 4 = 36(cm)$입니다.

2 $4 \times 2 = 8$, $2 \times 1 = 2$ ⇨ $8 + 2 = 10$(개)

3 의자 한 개에 3명씩 앉을 수 있고 의자가 7개이므로 모두 $3 \times 7 = 21$(명)이 앉을 수 있습니다.

4 꽃병 한 개에 꽃이 5송이씩 있고 꽃병이 6개이므로 꽃은 모두 $5 \times 6 = 30$(송이)입니다.

0 / 6, 6

1 (1) 2 (2) 5　　　　**2** 0
3 ④　　　　　　　　　**4** 1, 4, 4
5 $9 \times 5 = 45$ / 45세
6 (위에서부터) 15, 21 / 16, 20, 32 / 15, 30 / 48 / 28, 49 / 48, 64
7 4×6, 6×4, 8×3　　**8** 3, 18
9 0, 6 / 6점　　　　**10** 56

3 ① $1 \times 0 = 0$　② $0 \times 5 = 0$　③ $2 \times 0 = 0$
　　④ $1 \times 1 = 1$　⑤ $0 \times 1 = 0$

4 반지가 상자 한 개에 1개씩 들어 있고 상자가 4개이므로 곱셈식으로 나타내면 $1 \times 4 = 4$입니다.

5 (지유 어머니의 연세)=(지유의 나이)$\times 5$
　　　　　　　　　 $= 9 \times 5 = 45$(세)

7 $3 \times 8 = 24$이므로 곱셈표에서 곱이 24인 곱셈구구를 모두 찾아보면 4×6, 6×4, 8×3 입니다.

8 $7 \times 3 = 21$ ⇨ $21 - 3 = 18$(개)

9 ・(0이 적힌 공을 꺼내어 얻은 점수)
　　　$= 0 \times 2 = 0$(점)
　・(2가 적힌 공을 꺼내어 얻은 점수)
　　　$= 2 \times 3 = 6$(점)
　⇨ (우주가 얻은 점수)$= 0 + 6 = 6$(점)

10 7단 곱셈구구의 수: 7, 14, 21, 28, 35, 42, 49, 56, 63
　　이 중에서 짝수는 14, 28, 42, 56입니다.
　　⇨ 십의 자리 숫자가 5인 수는 56입니다.

💬 서술형 문제는 풀이를 꼭 확인하세요!

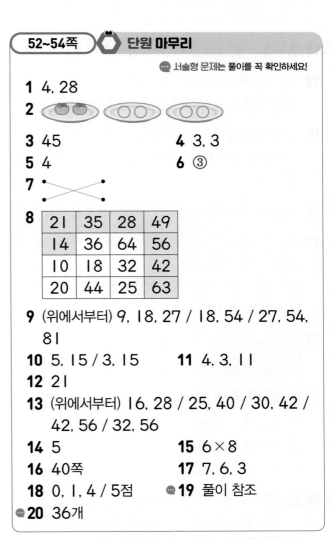

1 4, 28
2
3 45　　　　　　　　**4** 3, 3
5 4　　　　　　　　　**6** ③
7
8

21	35	28	49
14	36	64	56
10	18	32	42
20	44	25	63

9 (위에서부터) 9, 18, 27 / 18, 54 / 27, 54, 81
10 5, 15 / 3, 15　　**11** 4, 3, 11
12 21
13 (위에서부터) 16, 28 / 25, 40 / 30, 42 / 42, 56 / 32, 56
14 5　　　　　　　　　**15** 6×8
16 40쪽　　　　　　　　**17** 7, 6, 3
18 0, 1, 4 / 5점　　💬**19** 풀이 참조
💬**20** 36개

1 구슬은 7개씩 4묶음이므로 곱셈식으로 나타내면 $7 \times 4 = 28$입니다.

2 $2 \times 3 = 6$은 2씩 3묶음이므로 각 접시마다 ○를 2개씩 그립니다.

4 밤은 접시 한 개에 1개씩 접시 3개이므로 곱셈식으로 나타내면 $1 \times 3 = 3$입니다.

5 4×5는 4×4보다 4씩 1묶음이 더 많으므로 4만큼 더 큽니다.

6 ① $8 \times 4 = 32$　　　② $8 \times 9 = 72$
　　④ $8 \times 7 = 56$　　　⑤ $8 \times 2 = 16$

7 ・$3 \times 8 = 24$　　　・$4 \times 3 = 12$
　・$2 \times 6 = 12$　　　・$6 \times 4 = 24$

8 $7\times3=21$, $7\times5=35$, $7\times4=28$,
$7\times7=49$, $7\times2=14$, $7\times8=56$,
$7\times6=42$, $7\times9=63$

10 · 3씩 5묶음이므로 $3\times5=15$입니다.
· 5씩 3묶음이므로 $5\times3=15$입니다.

11 $2\times4=8$, $1\times3=3$ ⇨ $8+3=11$(개)

12 블록 한 개의 길이는 $3\,cm$이므로
블록 7개의 길이는 $3\times7=21(cm)$입니다.

15 곱셈에서 곱하는 두 수의 순서를 바꾸어도 곱은
같으므로 8×6과 곱이 같은 곱셈구구는 6×8
입니다.

16 (연우가 8일 동안 읽은 쪽수)=$5\times8=40$(쪽)

17 $9\times\square$에서 $\square$ 안에 작은 수부터 차례대로 넣
어서 계산해 봅니다.
$9\times\boxed{3}=27(\times)$, $9\times\boxed{6}=54(\times)$,
$9\times\boxed{7}=63(\bigcirc)$

18

공에 적힌 수	0	1	2
꺼낸 횟수(번)	3	1	2
점수(점)	㉠	㉡	㉢

㉠ $0\times3=0$(점) ㉡ $1\times1=1$(점)
㉢ $2\times2=4$(점)
⇨ $0+1+4=5$(점)

19 ❶ 예 7×5에 7을 더합니다.
$7\times5=35$이므로 $35+7=42$입니다.
❷ 예 7×4와 7×2를 구해 더합니다.
$7\times4=28$, $7\times2=14$이므로
$28+14=42$입니다.

채점 기준	
❶ 1가지 방법으로 설명하기	2점
❷ 다른 1가지 방법으로 설명하기	3점

20 ❶ 예 상자 한 개에 들어 있는 사과의 수에 상자
수를 곱하면 되므로 9×4를 계산합니다.
❷ 예 상자 4개에 들어 있는 사과는 모두
$9\times4=36$(개)입니다.

채점 기준	
❶ 문제에 알맞은 식 구하기	2점
❷ 상자 4개에 들어 있는 사과의 수 구하기	3점

③ 길이 재기

58쪽 교과서 개념 ❶

1 큰
2 (1) $130\,cm$ (2) 30, 30

59쪽 수학 익힘 기본 문제

1 (1) 1 (2) 500 (3) 2, 34 (4) 785
2 （그림）
3 (○)( )
4 (1) cm (2) m

1 (3) $234\,cm=200\,cm+34\,cm$
$=2\,m+34\,cm$
$=2\,m\ 34\,cm$
(4) $7\,m\ 85\,cm=7\,m+85\,cm$
$=700\,cm+85\,cm$
$=785\,cm$

2 · $615\,cm=600\,cm+15\,cm$
$=6\,m+15\,cm=6\,m\ 15\,cm$
· $605\,cm=600\,cm+5\,cm$
$=6\,m+5\,cm=6\,m\ 5\,cm$
· $610\,cm=600\,cm+10\,cm$
$=6\,m+10\,cm=6\,m\ 10\,cm$

3 · $370\,cm$
· $3\,m\ 7\,cm=3\,m+7\,cm$
$=300\,cm+7\,cm=307\,cm$
⇨ $370\,cm>307\,cm$

60쪽 교과서 개념 ❷

1 (1) 곧은 자 (2) 줄자
2 (1) 140 (2) 1, 40

61쪽 수학 익힘 기본 문제

1 (○)( ) **2** 160 / 1, 60
3 2, 20

1 길이가 Ⅰm보다 더 긴 물건의 길이를 잴 때에는 줄자를 사용하는 것이 편리합니다.

2 서랍장의 오른쪽 끝에 있는 눈금이 160이므로 서랍장의 길이는 160 cm=100 cm+60 cm =1 m+60 cm=1 m 60 cm입니다.

3 한 줄로 놓인 물건의 오른쪽 끝에 있는 눈금이 220이므로 전체 길이는
220 cm=200 cm+20 cm
=2 m+20 cm=2 m 20 cm입니다.

62쪽 교과서 개념 ❸

1 2, 40
2 (1) 2, 40　(2) 40 / 2, 40

63쪽 수학 익힘 기본 문제

1 4, 60
2 (1) 9, 80　(2) 4, 69　(3) 10, 48　(4) 11, 78
3 8, 27

---

2 (3)　　　6 m　30 cm
　　　＋　4 m　18 cm
　　　─────────────
　　　　10 m　48 cm

　(4)　　　1 m　76 cm
　　　＋10 m　　2 cm
　　　─────────────
　　　　11 m　78 cm

3 3 m 4 cm+5 m 23 cm
　=(3 m+5 m)+(4 cm+23 cm)
　=8 m 27 cm

64쪽 교과서 개념 ❹

1 1, 40
2 (1) 1, 40　(2) 40 / 1, 40

65쪽 수학 익힘 기본 문제

1 1, 20
2 (1) 5, 30　(2) 4, 82　(3) 2, 41　(4) 3, 75
3 4, 43

---

2 (3)　　　9 m　52 cm
　　　─　7 m　11 cm
　　　─────────────
　　　　2 m　41 cm

　(4)　　15 m　78 cm
　　　─12 m　　3 cm
　　　─────────────
　　　　3 m　75 cm

3 6 m 68 cm−2 m 25 cm
　=(6 m−2 m)+(68 cm−25 cm)
　=4 m 43 cm

66쪽 교과서 개념 ❺

1 (1) 1　(2) 2　(3) 7
2 (1) 3　(2) 3

67쪽 수학 익힘 기본 문제

1 6　　　　　　　　**2** 4
3 (1) 6　(2) 3　　　**4** (　)(　○　)

2 시소의 길이는 약 Ⅰm의 4배이므로 약 4 m입니다.

3 (2) 2×3=6이고, Ⅰm가 약 3번이므로 책장의 길이는 약 3 m입니다.

4 지우개의 길이는 Ⅰm보다 짧습니다.

68쪽 교과서 개념 ❻

1 (1) 5 / 2　(2) 2 / 5

69쪽 수학 익힘 기본 문제

1 7
2 (1) 1 m　(2) 5 m　(3) 10 m
3 12　　　　　　　**4** (　○　)(　)

1 줄의 길이는 Ⅰm의 약 7배이므로 약 7 m입니다.

3 공연 무대의 길이는 약 2 m의 6배이므로 약 12 m입니다.

4 침대 긴 쪽의 길이는 10 m보다 짧습니다.

70~71쪽 교과서 개념 확인 ✚ 수학 익힘 실력 문제

m / (위에서부터) 70, 2

1 1 m 70 cm
2 (1) 9, 57 (2) 6, 45
3 901 cm   **4** 5
5 13 m 63 cm   **6** 민하
7 ㉡, ㉢   **8** 4 m 24 cm
9 6, 4, 1   **10** 유라

1 수납장의 오른쪽 끝에 있는 눈금이 170이므로
수납장의 길이는 170 cm=1 m 70 cm입니다.

2 (1)   2 m 16 cm
          + 7 m 41 cm
          ―――――――――
            9 m 57 cm

    (2)   9 m 77 cm
          − 3 m 32 cm
          ―――――――――
            6 m 45 cm

3 100 cm=1 m
  ㉠ 5 m 27 cm=5 m+27 cm
              =500 cm+27 cm
              =527 cm
  ㉡ 9 m 1 cm=9 m+1 cm
            =900 cm+1 cm
            =901 cm

5 (굴렁쇠가 굴러간 거리)
  =6 m 51 cm+7 m 12 cm
  =(6 m+7 m)+(51 cm+12 cm)
  =13 m 63 cm

6 •동희: 7 m 43 cm=7 m+43 cm
                 =700 cm+43 cm
                 =743 cm
  •하늘: 750 cm
  •민하: 7 m 8 cm=7 m+8 cm
                =700 cm+8 cm
                =708 cm
  ⇨ 708 cm<743 cm<750 cm
  따라서 가장 짧은 길이를 말한 사람은 민하입니다.

7 ㉠ 책 10권을 이어 놓은 길이는 10 m보다 짧
  습니다.

8 (처음 막대의 길이)−(한 도막의 길이)
  =8 m 97 cm−4 m 73 cm
  =(8 m−4 m)+(97 cm−73 cm)
  =4 m 24 cm

9 m, cm 단위의 순서대로 큰 수를 차례대로 놓
  습니다.
  6>4>1이므로 만들 수 있는 가장 긴 길이는
  6 m 41 cm입니다.

10 •서후가 잰 횡단보도의 길이:
    1 m가 6번이므로 약 6 m
  •유라가 잰 창문 긴 쪽의 길이:
    2×4=8이고, 1 m가 4번이므로 약 4 m
  따라서 6 m>4 m이므로 더 짧은 길이를 어림
       서후 유라
  한 사람은 유라입니다.

72~74쪽 단원 마무리

💬 서술형 문제는 풀이를 꼭 확인하세요!

1 m, 미터   **2** 8, 2
3 2, 70   **4**
5 110 / 1, 10   **6** 3, 84
7 3, 62   **8** 6 m 75 cm
9 4   **10** ㉡
11 3   **12** 5 m
13 ㉠, ㉢
14 8 m 57 cm / 2 m 33 cm
15 12 m 76 cm   **16** 5 m 20 cm
17 2, 3, 8   **18** 지효
💬**19** 풀이 참조
💬**20** 선생님, 1 m 13 cm

2 802 cm=800 cm+2 cm
          =8 m+2 cm=8 m 2 cm

3 m는 m끼리, cm는 cm끼리 뺍니다.

4 600 cm=6 m, 100 cm=1 m,
  400 cm=4 m

5 텔레비전의 오른쪽 끝에 있는 눈금이 110이므로 텔레비전 긴 쪽의 길이는 110cm=1m 10cm 입니다.

6
$$\begin{array}{r} 2\,m\ \ 53\,cm \\ +\ 1\,m\ \ 31\,cm \\ \hline 3\,m\ \ 84\,cm \end{array}$$

7
$$\begin{array}{r} 7\,m\ \ 84\,cm \\ -\ 4\,m\ \ 22\,cm \\ \hline 3\,m\ \ 62\,cm \end{array}$$

8 2m 72cm+4m 3cm
=(2m+4m)+(72cm+3cm)
=6m 75cm

9 트럭의 길이는 1m의 약 4배이므로 약 4m입니다.

10 ⓒ 240cm=200cm+40cm
=2m+40cm=2m 40cm

11 화단 긴 쪽의 길이는 1m의 약 3배이므로 약 3m입니다.

13 ⓒ 젓가락의 길이, ⓔ 연필의 길이는 모두 1m 보다 짧습니다.

14 합:
$$\begin{array}{r} 5\,m\ \ 45\,cm \\ +\ 3\,m\ \ 12\,cm \\ \hline 8\,m\ \ 57\,cm \end{array}$$

차:
$$\begin{array}{r} 5\,m\ \ 45\,cm \\ -\ 3\,m\ \ 12\,cm \\ \hline 2\,m\ \ 33\,cm \end{array}$$

15 (가연이와 효재가 가지고 있는 끈의 길이의 합)
=8m 24cm+4m 52cm
=(8m+4m)+(24cm+52cm)
=12m 76cm

16 (남은 철사의 길이)
=7m 35cm-2m 15cm
=(7m-2m)+(35cm-15cm)
=5m 20cm

17 m, cm 단위의 순서대로 작은 수를 차례대로 놓습니다.
2<3<8이므로 만들 수 있는 가장 짧은 길이는 2m 38cm입니다.

18 • 지효가 잰 신발장의 길이:
1m가 5번이므로 약 5m
• 윤기가 잰 냉장고의 높이:
7×②=14이고, 1m가 2번이므로 약 2m
따라서 5m＞2m이므로 더 긴 길이를 어림한
(지효) (윤기)
사람은 지효입니다.

19 예 피아노의 한끝을 줄자의 눈금 0에 맞추지 않고 10에 맞추었기 때문에 피아노의 길이는 1m 50cm가 아닙니다.」❶

채점 기준	
❶ 길이를 잘못 잰 이유 쓰기	5점

20 ❶ 예 2m 58cm＞1m 45cm이므로 선생님이 더 멀리 뛰었습니다.
❷ 예 2m 58cm-1m 45cm
=1m 13cm이므로 1m 13cm 더 멀리 뛰었습니다.

채점 기준	
❶ 누가 더 멀리 뛰었는지 알아보기	2점
❷ 얼마나 더 멀리 뛰었는지 구하기	3점

미래 **직업**을 알아봐요!

가짜 뉴스 판별가

4 시각과 시간

78쪽 교과서 개념 1

1 (1) 8 (2) 15 (3) 8, 15
2 (1) 5 (2) 40

79쪽 수학 익힘 기본 문제

1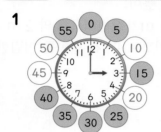

2 (1) 5 (2) 2, 25
3 (1) 3, 35
　　(2) 7, 10

1 긴바늘이 2를 가리키면 10분, 4를 가리키면 20분, 9를 가리키면 45분, 10을 가리키면 50분을 나타냅니다.

2 (2) 짧은바늘은 2와 3 사이를 가리키고, 긴바늘은 5를 가리키므로 2시 25분입니다.

3 (1) 짧은바늘은 3과 4 사이를 가리키고, 긴바늘은 7을 가리키므로 3시 35분입니다.
　(2) 디지털시계에서 ':' 왼쪽의 수는 시를 나타내고, 오른쪽의 수는 분을 나타내므로 7시 10분입니다.

80쪽 교과서 개념 2

1 10, 10, 10, 13 /
(위에서부터) 2, 10, 15, 10, 13

81쪽 수학 익힘 기본 문제

1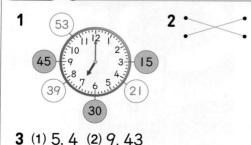

2 · ·
(교차선)

3 (1) 5, 4 (2) 9, 43

1 · 긴바늘이 4에서 작은 눈금으로 1칸 더 간 부분을 가리키면 21분입니다.
· 긴바늘이 7에서 작은 눈금으로 4칸 더 간 부분을 가리키면 39분입니다.
· 긴바늘이 10에서 작은 눈금으로 3칸 더 간 부분을 가리키면 53분입니다.

2  짧은바늘은 11과 12 사이를 가리키고, 긴바늘은 3에서 작은 눈금으로 2칸 더 간 부분을 가리키므로 11시 17분입니다.
 짧은바늘은 11과 12 사이를 가리키고, 긴바늘은 7에서 작은 눈금으로 2칸 더 간 부분을 가리키므로 11시 37분입니다.
디지털시계는 각각 11시 37분, 11시 17분을 나타냅니다.

3 (1) 짧은바늘은 5와 6 사이를 가리키고, 긴바늘은 12에서 작은 눈금으로 4칸 더 간 부분을 가리키므로 5시 4분입니다.
　(2) 디지털시계에서 ':' 왼쪽의 수는 시를 나타내고, 오른쪽의 수는 분을 나타내므로 9시 43분입니다.

82쪽 교과서 개념 3

1 (1) 3, 55 (2) 5 (3) 5 (4) 5
2 (1) ···· / 5, 55
　(2) ···· / 8, 50

83쪽 수학 익힘 기본 문제

1 (1) 1, 55 / 2, 5 (2) 7, 50 / 8, 10
2 (1) 10 (2) 6
3 (교차선)

1 (1) 시계가 나타내는 시각은 1시 55분입니다.
1시 55분은 2시가 되려면 5분이 더 지나야 하므로 2시 5분 전입니다.

(2) 시계가 나타내는 시각은 7시 50분입니다.
7시 50분은 8시가 되려면 10분이 더 지나야 하므로 8시 10분 전입니다.

2 (1) 5시 50분은 6시가 되려면 10분이 더 지나야 하므로 6시 10분 전입니다.

(2) 5분 후에 7시가 되는 시각은 6시 55분입니다.

3 • 시계가 나타내는 시각은 2시 50분으로 2시 50분은 3시 10분 전이라고도 합니다.
• 시계가 나타내는 시각은 8시 55분으로 8시 55분은 9시 5분 전이라고도 합니다.

37, 5

1 1, 6, 11 / 20, 40, 45
2 12, 36　　　　**3** (1) 10　(2) 7, 55
4 ㉡
5 (1)　　　　　(2)

6 ㉡
7 예 5시 3분이 아니라 5시 15분입니다.
8 도토리　　　　**9** 2시 54분

1 시계의 긴바늘이 가리키는 숫자가 4이면 20분, 8이면 40분, 9이면 45분을 나타내고, 나타내는 분이 5, 30, 55분이면 각각 시계의 긴바늘이 1, 6, 11을 가리킵니다.

---

2 짧은바늘은 12와 1 사이를 가리키고, 긴바늘은 7에서 작은 눈금으로 1칸 더 간 부분을 가리키므로 36분입니다.
⇨ 12시 36분

3 (1) 1시 50분에서 2시가 되려면 10분이 더 지나야 하므로 2시 10분 전입니다.

(2) 8시가 되려면 5분이 더 지나야 하는 시각은 7시 55분입니다.

4 디지털시계의 시각이 5시 9분이므로 5시 9분을 시계에 바르게 나타낸 것을 찾아보면 ㉡입니다.

5 (1) 42분을 나타내야 하므로 긴바늘이 8에서 작은 눈금으로 2칸 더 간 부분을 가리키도록 그립니다.

(2) 5분 후에 7시가 되는 시각은 6시 55분입니다. 55분을 나타내야 하므로 긴바늘이 11을 가리키도록 그립니다.

6 • 시계의 시각은 9시 50분입니다.
• 9시 50분은 10시 10분 전입니다.
• 9시 50분은 10시가 되려면 10분이 더 지나야 합니다.

7 시계에서 긴바늘이 3을 가리키고 있으므로 시각은 5시 15분입니다.

8
⇨ 1시 55분　　⇨ 3시 35분

⇨ 9시 20분　　⇨ 6시 40분
따라서 다람쥐가 먹게 되는 음식은 도토리입니다.

9 짧은바늘은 2와 3 사이를 가리키고, 긴바늘은 10에서 작은 눈금으로 4칸 더 간 부분을 가리키므로 2시 54분입니다.

정답과 풀이

86쪽 교과서 **개념 ④**

1 (1)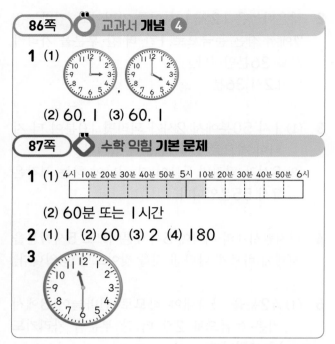

(2) 60, 1 (3) 60, 1

87쪽 수학 익힘 **기본 문제**

1 (1) 4시 10분 20분 30분 40분 50분 5시 10분 20분 30분 40분 50분 6시

(2) 60분 또는 1시간

2 (1) 1 (2) 60 (3) 2 (4) 180

3

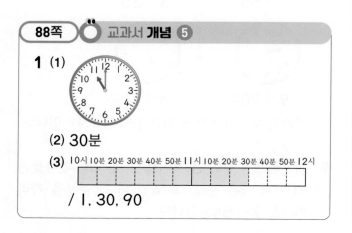

1 (2) 시간 띠에서 1칸은 10분을 나타내고, 6칸을 색칠했으므로 책을 읽는 데 걸린 시간은 60분(=1시간)입니다.

2 (3) 120분=60분+60분=2시간
(4) 3시간=60분+60분+60분=180분

3 시계의 긴바늘이 한 바퀴 도는 데 60분이 걸리므로 시계의 긴바늘이 6을 가리키도록 그립니다.

88쪽 교과서 **개념 ⑤**

1 (1)

(2) 30분

(3) 10시 10분 20분 30분 40분 50분 11시 10분 20분 30분 40분 50분 12시

/ 1, 30, 90

89쪽 수학 익힘 **기본 문제**

1 (1) 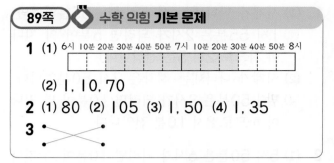 6시 10분 20분 30분 40분 50분 7시 10분 20분 30분 40분 50분 8시

(2) 1, 10, 70

2 (1) 80 (2) 105 (3) 1, 50 (4) 1, 35

3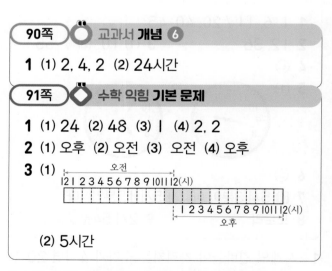

1 (2) 시간 띠에서 1칸은 10분을 나타내고, 7칸을 색칠했으므로 대전에서 부산까지 이동하는 데 걸린 시간은 70분=1시간 10분입니다.

2 (1) 1시간 20분=60분+20분=80분
(2) 1시간 45분=60분+45분=105분
(3) 110분=60분+50분=1시간 50분
(4) 95분=60분+35분=1시간 35분

3 • 투호 놀이: 8시 ―1시간 후→ 9시 ―20분 후→ 9시 20분
⇨ 1시간 20분

• 제기차기: 7시 ―30분 후→ 7시 30분 ⇨ 30분

• 연날리기: 2시 ―30분 후→ 2시 30분 ⇨ 30분

• 비사치기: 10시 30분 ―1시간 후→ 11시 30분
―20분 후→ 11시 50분
⇨ 1시간 20분

90쪽 교과서 **개념 ⑥**

1 (1) 2, 4, 2 (2) 24시간

91쪽 수학 익힘 **기본 문제**

1 (1) 24 (2) 48 (3) 1 (4) 2, 2

2 (1) 오후 (2) 오전 (3) 오전 (4) 오후

3 (1)

오전
12 1 2 3 4 5 6 7 8 9 10 11 12(시)

1 2 3 4 5 6 7 8 9 10 11 12(시)
오후

(2) 5시간

1 (2) 2일=24시간+24시간=48시간
(4) 50시간=24시간+24시간+2시간
=2일 2시간

2 (1) 낮: 아침이 지나고 저녁이 되기 전까지의 동안.
　(2) 새벽: (주로 자정 이후 일출 전의 시간 단위 앞에 쓰여) '오전'의 뜻을 이르는 말.
　(3) 아침: 날이 새면서 오전 반나절쯤까지의 동안.
　(4) 밤: 해가 져서 어두워진 때부터 다음날 해가 떠서 밝아지기 전까지의 동안.

3 (2) 시간 띠의 1칸이 1시간을 나타내고, 5칸을 색칠했으므로 도서관에 있었던 시간은 5시간입니다.

1 (1) 30　(2) 7　(3) 7
2 (1) 12　(2) 7, 8, 10, 12　(3) 2

1 (1) 7　(2) 12　(3) 2　(4) 2
2 (1) 4번　(2) 목요일　(3) 토요일
3 30, 30, 31, 31

1 (3) 14일=7일+7일=2주일
　(4) 24개월=12개월+12개월=2년

2 (1) 월요일은 5일, 12일, 19일, 26일로 모두 4번 있습니다.
　(3) 1주일마다 같은 요일이 반복되고, 8월 24일은 토요일입니다.
　　따라서 8월 24일부터 1주일이 되는 날은 토요일입니다.

오전, 7

1 오전
2 (1) 1, 40　(2) 34　(3) 2, 6
3 ⓒ　　　　　　**4** 1시간 20분
5 10분　　　　**6** 유라
7 9시 10분　　**8** 3월 31일
9 4월 17일, 수요일　**10** 6시 30분
11 20일

---

1 아침은 날이 새면서 오전 반나절쯤까지의 동안이므로 아침 식사는 오전에 합니다.

2 (1) 100분=60분+40분=1시간 40분
　(2) 1일 10시간=24시간+10시간=34시간
　(3) 30개월=12개월+12개월+6개월
　　　＝2년 6개월

3 ⓒ 1년 5개월=12개월+5개월=17개월

4 9시 40분 —1시간 후→ 10시 40분 —20분 후→ 11시
　⇨ 1시간 20분

5 3시부터 1시간 동안 수영을 하면 4시에 끝납니다. 따라서 현재 시각 3시 50분에서 4시가 되려면 10분이 더 지나야 하므로 수영을 10분 더 해야 합니다.

6 물놀이는 오후에 했습니다.

7 시계의 긴바늘이 3바퀴 도는 데 걸리는 시간은 3시간입니다.
　따라서 6시 10분에서 3시간 후의 시각은 9시 10분입니다.

8 4월 7일의 1주일 전은 3월의 마지막 날로 3월 31일입니다.
　따라서 정우의 생일은 3월 31일입니다.

9 현정이의 생일은 지수 생일의 10일 후이므로 4월 7+10=17(일)입니다.
　4월 17일은 수요일입니다.

10 5시 —1시간 후→ 6시 —30분 후→ 6시 30분
　따라서 윤재가 청소를 마친 시각은 6시 30분입니다.

11 9월은 30일까지 있으므로 9월 15일부터 30일까지는 16일입니다.
　10월 1일부터 4일까지는 4일입니다.
　따라서 어린이 그림 전시회가 열리는 기간은 16+4=20(일)입니다.

96~98쪽 단원 마무리

💬 서술형 문제는 풀이를 꼭 확인하세요!

1 20

2 12, 15

3 오전, 오후

4 60분

5 (선 잇기)

6 2, 10

7 35

8 (시계 그림: 7시 31분)

9 7시 10분 전

10 ㄹ

11 ⑤

12 7시간

13 수요일

14 5월 8일

15 20개월

16 9시 40분

17 1시간 10분

18 22일

💬**19** 풀이 참조

💬**20** 6시 20분

---

1 시계의 긴바늘이 가리키는 숫자가 1이면 5분, 2이면 10분, 3이면 15분, 4이면 20분을 나타냅니다.

2 짧은바늘은 12와 1 사이를 가리키고, 긴바늘은 3을 가리키므로 12시 15분입니다.

4 시계의 긴바늘이 한 바퀴 도는 데 걸리는 시간은 60분입니다.

6 130분=60분+60분+10분=2시간 10분

7 1일 11시간=24시간+11시간=35시간

8 31분을 나타내야 하므로 긴바늘이 6에서 작은 눈금으로 1칸 더 간 부분을 가리키도록 그립니다.

9 시계의 시각은 6시 50분입니다.
6시 50분은 7시가 되려면 10분이 더 지나야 하므로 7시 10분 전입니다.

10 ・㉠, ㉡, ㉢: 10시 55분
・㉣: 11시 55분

11 1월, 3월, 7월, 8월은 날수가 31일이고, 9월은 날수가 30일이므로 날수가 다른 월은 9월입니다.

12 오전 10시 $\xrightarrow{2시간 후}$ 낮 12시 $\xrightarrow{5시간 후}$ 오후 5시
⇨ 2시간+5시간=7시간
따라서 지성이가 놀이공원에 있었던 시간은 7시간입니다.

14 1주일은 7일이므로 스승의 날부터 1주일 전은 5월 15−7=8(일)입니다.

15 1년 8개월=12개월+8개월=20개월
따라서 혜진이는 피아노 학원을 20개월 다녔습니다.

16 8시 20분 $\xrightarrow{1시간 후}$ 9시 20분 $\xrightarrow{20분 후}$ 9시 40분
따라서 성한이가 숙제를 끝낸 시각은 9시 40분입니다.

17 1시 50분 $\xrightarrow{1시간 후}$ 2시 50분 $\xrightarrow{10분 후}$ 3시
⇨ 1시간 10분

18 3월은 31일까지 있으므로 3월 17일부터 31일까지는 15일이고, 4월 1일부터 7일까지는 7일입니다.
따라서 어린이 도서 박람회가 열리는 기간은 15+7=22(일)입니다.

💬**19** 예 시계의 긴바늘이 가리키는 숫자 10을 50분이 아니라 10분이라고 잘못 읽었기 때문입니다.」❶
따라서 바르게 읽은 시각은 5시 50분입니다.」❷

채점 기준	
❶ 시각을 잘못 읽은 이유 쓰기	3점
❷ 바르게 읽은 시각 쓰기	2점

💬**20** ❶ 예 시계의 긴바늘이 2바퀴 도는 데 걸리는 시간은 2시간입니다.
❷ 예 4시 20분에서 2시간 후의 시각은 6시 20분입니다.

채점 기준	
❶ 시계의 긴바늘이 2바퀴 도는 데 걸리는 시간 알아보기	3점
❷ 4시 20분에서 시계의 긴바늘이 2바퀴 돌았을 때의 시각 구하기	2점

5 표와 그래프

102쪽 교과서 **개념 ①**

1 (1) 미나, 채영 / 동해, 규현, 은혁 / 나연
 (2) 4, 2, 3, 1, 10

103쪽 수학 익힘 **기본 문제**

1 파랑   **2** 3, 3, 2, 4, 12
3 3, 4, 2, 2, 11

2 색깔별로 빠뜨리거나 두 번 세지 않도록 표시를 하면서 세어 표의 빈칸에 씁니다.

3 동물별로 빠뜨리거나 두 번 세지 않도록 표시를 하면서 세어 표의 빈칸에 씁니다.

104쪽 교과서 **개념 ②**

1 (1) 수희, 정아 / 윤재 /
    강훈, 상우 / 연주, 한빈, 은희
 (2) 2, 1, 2, 3, 8

105쪽 수학 익힘 **기본 문제**

1 ㉡, ㉠, ㉢   **2** 6, 4, 9, 4, 23

2 과목별로 빠뜨리거나 두 번 세지 않도록 표시를 하면서 세어 표의 빈칸에 씁니다.

106쪽 교과서 **개념 ③**

1 (1) 1, 2, 1, 3
 (2) **찬호네 모둠 학생들이 좋아하는 동물별 학생 수**

학생 수(명)＼동물	강아지	토끼	앵무새	금붕어	고양이
3					○
2	○		○		○
1	○	○	○	○	○

107쪽 수학 익힘 **기본 문제**

1 3, 4, 2, 3, 12
2 **수정이네 모둠 학생들이 좋아하는 꽃별 학생 수**

학생 수(명)＼꽃	튤립	장미	무궁화	백합
4		○		
3	○	○		○
2	○	○	○	○
1	○	○	○	○

3 **수정이네 모둠 학생들이 좋아하는 꽃별 학생 수**

꽃＼학생 수(명)	1	2	3	4
백합	×	×	×	
무궁화	×	×		
장미	×	×	×	×
튤립	×	×	×	

1 학생들이 좋아하는 꽃별로 표시를 하면서 세어 표의 빈칸에 씁니다.

2 표를 보고 수정이네 모둠 학생들이 좋아하는 꽃별 학생 수만큼 ○를 한 칸에 하나씩, 아래에서 위로 빈칸 없이 채워서 나타냅니다.

3 표를 보고 수정이네 모둠 학생들이 좋아하는 꽃별 학생 수만큼 ×를 한 칸에 하나씩, 왼쪽에서 오른쪽으로 빈칸 없이 채워서 나타냅니다.

108쪽 교과서 **개념 ④**

1 (1) 10, 3 (2) 피자 / 떡볶이, 라면

109쪽 수학 익힘 **기본 문제**

1 4명   **2** 20명
3 설악산   **4** 한라산

1 표를 보면 슈크림빵을 좋아하는 학생은 4명입니다.

2 표에서 합계를 보면 모두 20명입니다.

3 그래프에서 ○의 수가 가장 적은 산은 설악산입니다.

4 그래프에서 ○의 수가 지리산보다 더 많은 산은 한라산입니다.

110쪽 교과서 **개념 5**

1 (1) 3, 4, 2, 6, 15

(2) 현주네 반 학생들이 좋아하는 전통 놀이별 학생 수

6				×
5				×
4		×		×
3	×	×		×
2	×	×	×	×
1	×	×	×	×
학생 수(명) / 전통 놀이	비사치기	투호 놀이	제기차기	공기놀이

111쪽 수학 익힘 **기본 문제**

1 5, 4, 3, 7, 5, 24

2 예 준서네 반 학생들이 독서 시간에 읽은 책별 학생 수

7				○	
6				○	
5	○			○	○
4	○	○		○	○
3	○	○	○	○	○
2	○	○	○	○	○
1	○	○	○	○	○
학생 수(명) / 책	동화책	과학책	시집	위인전	만화책

3 위인전

1 책별로 빠뜨리거나 두 번 세지 않도록 표시를 하면서 세어 표의 빈칸에 씁니다.

2 표를 보고 책별 학생 수만큼 ○로 나타냅니다.

3 그래프에서 ○의 수가 가장 많은 책은 위인전입니다.

112~113쪽 교과서 **개념 확인** ✚ 수학 익힘 **실력 문제**

딸기

1 오이
2 2, 4, 2, 8
3 ㉢, ㉣, ㉠
4 5, 4, 3, 12
5 예 상현이네 모둠 학생들이 생일에 받고 싶은 선물별 학생 수

책	/	/	/		
인형	/	/	/	/	
게임기	/	/	/	/	/
선물 / 학생 수(명)	1	2	3	4	5

6 게임기
7 7, 4, 2, 13

8

모양을 만드는 데 사용한 조각 수

7	×		
6	×		
5	×		
4	×	×	
3	×	×	
2	×	×	×
1	×	×	×
조각 수(개) / 조각	▲	■	◆

9 5개

6 그래프에서 /의 수가 가장 많은 선물은 게임기입니다.

9 ▲ 조각 수: 7개, ◆ 조각 수: 2개

따라서 ▲ 조각은 ◆ 조각보다 7−2=5(개)
더 많이 사용했습니다.

114~116쪽 단원 **마무리**

💬 서술형 문제는 풀이를 꼭 확인하세요!

1 고양이
2 우진, 하나, 인성
3 5, 4, 3, 12
4 12명
5 기영, 시후
6 3, 3, 2, 8
7 두리네 모둠 학생들이 가 보고 싶은 나라별 학생 수

3	○	○	
2	○	○	○
1	○	○	○
학생 수(명) / 나라	중국	미국	호주

8 나라
9 3명
10 인아네 모둠 학생들이 사는 마을별 학생 수

4		×		
3		×	×	
2	×	×	×	
1	×	×	×	×
학생 수(명) / 마을	별빛	달빛	꿈빛	한빛

11 달빛 마을　　　　　**12** ×

13 혜경이네 모둠 학생들의 취미별 학생 수

4			○
3	○		○
2	○		○
1	○	○	○
학생 수(명) 취미	운동	독서	게임

14 혜경이네 모둠 학생들의 취미별 학생 수

게임	/	/	/	/
독서	/			
운동	/	/	/	
취미 학생 수(명)	1	2	3	4

15 독서　　　　　**16** 4, 2, 2, 8

17 예 태현이네 모둠 학생들의 장래 희망별 학생 수

3		○	
2	○	○	
1	○	○	○
학생 수(명) 장래 희망	선생님	의사	과학자

18 2명

19 8명　　　　　**20** 풀이 참조

3 동물별로 빠뜨리거나 두 번 세지 않도록 표시를 하면서 세어 표의 빈칸에 씁니다.

4 표에서 합계를 보면 모두 12명입니다.

6 나라별로 빠뜨리거나 두 번 세지 않도록 표시를 하면서 세어 표의 빈칸에 씁니다.

7 표를 보고 가 보고 싶은 나라별 학생 수만큼 ○로 나타냅니다.

9 표를 보면 꿈빛 마을에 사는 학생은 3명입니다.

10 표를 보고 마을별 학생 수만큼 ✕로 나타냅니다.

11 그래프에서 ✕의 수가 가장 많은 마을은 달빛 마을입니다.

12 그래프만으로는 인아가 사는 마을을 알 수 없습니다.

13 표를 보고 취미별 학생 수만큼 ○로 나타냅니다.

14 표를 보고 취미별 학생 수만큼 /으로 나타냅니다.

15 운동: 3명, 독서: 1명, 게임: 4명
따라서 운동보다 적은 학생들의 취미는 독서입니다.

17 표를 보고 장래 희망별 학생 수만큼 ○로 나타냅니다.

18 의사: 3명, 과학자: 1명
따라서 의사는 과학자보다 3−1=2(명) 더 많습니다.

19 ❶ 예 현지네 모둠 전체 학생 수는 표의 합계와 같으므로 2+1+5를 구합니다.
❷ 예 현지네 모둠 학생은 모두 2+1+5=8(명)입니다.

채점 기준	
❶ 문제에 알맞은 식 만들기	3점
❷ 현지네 모둠 학생 수 구하기	2점

20 예 왼쪽에서부터 빈칸 없이 그려야 하는데 우동과 김밥에 그려진 /은 중간에 빈칸이 있으므로 잘못 그렸습니다.」❶

채점 기준	
❶ 그래프에서 잘못된 부분을 찾아 이유 쓰기	5점

미래 직업을 알아봐요!

온라인 변호사

6 규칙 찾기

120쪽 교과서 **개념 ①**

1 (1) 노란색, 빨간색 / 같은 (2) ▨▨

2 (1) Ⅰ, 2, 3, Ⅰ, 2, 3, Ⅰ, 2
  / 3, Ⅰ, 2, 3, Ⅰ, 2, 3, Ⅰ
  (2) Ⅰ, 2

121쪽 수학 익힘 **기본 문제**

1 (1) ● (2) ●, ●   **2** (1) ▲ (2) ◎

3 (1) ♡, ☆ (2) 3, Ⅰ, 2, 3, 3, Ⅰ, 2

1 (1) 연두색, 주황색, 보라색이 반복됩니다.
  (2) 보라색 다음에 연두색, 주황색을 칠합니다.

2 (1) □, △, △이 반복됩니다.
  ⇨ □ 다음이므로 △을 그리고 색칠합니다.
  (2) • 모양은 ▽, ◎, □이 반복됩니다.
  • 색깔은 보라색, 노란색이 반복됩니다.
  ⇨ ▽ 다음이므로 ◎을 그리고, 보라색 다음
  이므로 노란색을 칠합니다.

3 (1) ♡, ☆, ◇, ◇이 반복됩니다.
  (2) Ⅰ, 2, 3, 3이 반복됩니다.

122쪽 교과서 **개념 ②**

1 (1) 시계 방향 (2) ⬠

2 (1) Ⅰ (2)

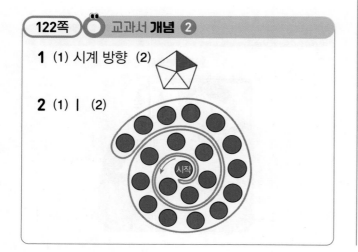

123쪽 수학 익힘 **기본 문제**

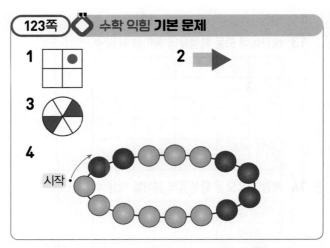

1 ●이 있는 부분이 시계 방향으로 돌아가도록 그립니다.

2 모양이 시계 반대 방향으로 돌아가도록 그립니다.

3 색칠된 부분이 시계 방향으로 돌아가도록 그림을 완성합니다.

4 노란색, 빨간색이 반복되면서 수가 Ⅰ개씩 늘어납니다.
  ⇨ 빨간색 4개 다음이므로 노란색 5개가 되도록 색칠합니다.

124쪽 교과서 **개념 ③**

1 (1) 오른쪽 (2) (○) ( )

2 (1) 4 (2) (○) ( )

125쪽 수학 익힘 **기본 문제**

1 오른쪽   **2** (1) 3 (2) Ⅰ, 3, Ⅰ

3 (○) ( )

3 쌓기나무의 수가 왼쪽에서 오른쪽으로 Ⅰ개, 2개, Ⅰ개, 2개, Ⅰ개, 2개 쌓여 있습니다.

|

1 ③

2 ( )(○)

3

4 2, 3, |

5 은호

6 (1) | (2) 6개

7 (1) 2, 2, 3, |, 2 / 2, 3, |, 2, 2

   (2) **예** |, 2, 2, 3이 반복됩니다.

8 5개

1 주황색, 초록색, 보라색이 반복됩니다.

2 쌓기나무가 |층, 2층으로 반복됩니다.
  ➡ 쌓기나무로 쌓을 다음 모양은 2층입니다.

3 빨간색 부분이 시계 방향으로 돌아가도록 색칠합니다.

5 은호: 다음 모양은 입니다.

6 (2) 마지막 모양에 쌓은 쌓기나무가 5개이므로 다음에 쌓을 쌓기나무는 모두
   5+|=6(개)입니다.

8 쌓기나무가 오른쪽과 뒤로 각각 |개씩 늘어납니다.

  따라서 빈칸에 들어갈 모양은 이므로

  필요한 쌓기나무는 모두 5개입니다.

128쪽 ⭕ 교과서 **개념 ④**

1 (1) |4, |5 / |4, |5, |6 / |5, |6, |7
   / |7, |8
   (2) | (3) | (4) 2

129쪽 ◆ 수학 익힘 **기본 문제**

1 (1) 6, 7 / 7, 8 (2) ( )(○)

2 |4, |6 / |6, |8 / 2

---

1 (2) ↘ 방향으로 갈수록 2씩 작아집니다.

2 2 4 6 8 |0 ➡ 2씩 커집니다.
   +2+2+2 +2

130쪽 ⭕ 교과서 **개념 ⑤**

1 (1) |2 / |2, |6, 20 / |6, 24, 32 / |8,
   27, 36
   (2) 6 (3) 7 (4) 짝수

131쪽 ◆ 수학 익힘 **기본 문제**

1 (1) 4, 6 / 6 / |2 (2) 4

2 (1) |5 / 5 / 49, 63 / 63, 8| (2) 홀수

1 (2) 4 8 |2 |6 ➡ 4씩 커집니다.
   +4 +4 +4

2 (2) 곱셈표에 있는 수들은 둘씩 짝을 지었을 때 남는 것이 있으므로 모두 홀수입니다.

132쪽 ⭕ 교과서 **개념 ⑥**

1 2

2 (1) 7일 (2) 7일

133쪽 ◆ 수학 익힘 **기본 문제**

1 **예** 노란색, 파란색, 파란색

2 **예** 3씩 커집니다.

3 8 / |2 / 20 / 24

2 위로 올라갈수록 3씩 커지고, 오른쪽으로 갈수록 |씩 커집니다.

3 오른쪽으로 갈수록 |씩 커지고, 아래로 내려갈수록 5씩 커집니다.

134~135쪽 교과서 개념 확인 + 수학 익힘 실력 문제

1

1 6, 8 / 6, 12 / 10, 14

2 ㉡

3, 4

×	4	5	6	7
4	16	20	24	28
5	20	25	30	35
6	24	30	36	42
7	28	35	42	49

5 예 제주행과 김포행은 1시간 간격으로 비행기
가 출발합니다.

6 (1) 9

(2)

왼쪽	무대	오른쪽

1 2 3 4 5 6 7 8 9
10 11 12 13 14 15 16 17 18
19 ⑳ 21 22 23 24 25 26 27
28 29 30 31 32 33 34 35 36

7 2 / 5 / 5 / 5 / 10
/ 예 오른쪽으로 갈수록 1씩 커집니다.

8 12 / 8

1 두 수의 합을 이용하여 빈칸에 알맞은 수를 구
합니다.

2 ㉠ 같은 줄에서 오른쪽으로 갈수록 2씩 커집
니다.

3 두 수의 곱을 이용하여 빈칸에 알맞은 수를 구
합니다.

4 분홍색으로 색칠한 곳은 아래로 내려갈수록 6씩
커집니다.
가로줄에서 오른쪽으로 갈수록 6씩 커지는 곳
을 찾습니다.

6 (2) • 세 번째 줄: 1 10 19
+9 +9

• 세 번째 줄의 왼쪽으로 두 번째 자리:
19 20
+1

7 오른쪽으로 갈수록 1씩 커지고, 아래로 내려갈
수록 2씩 커집니다.

8

4		
6	9	㉠
㉡	12	16

㉠ 오른쪽으로 갈수록 3씩 커지므로
9+3=12입니다.
㉡ 아래로 내려갈수록 2씩 커지므로
6+2=8입니다.

136~138쪽 단원 마무리

💬 서술형 문제는 풀이를 꼭 확인하세요!

1 ㉡

2

3

4 2

5 10, 11 / 12

6 1

7 2

8 24, 36 / 32, 48

9 16

10

11 1, 2, 3 / 2, 1, 2, 3, 2, 1, 2 / 3, 2, 1, 2,
3, 2, 1

12 7

13 8

14 예 오른쪽에 있는 쌓기나무 위에 쌓기나무가
1개씩 늘어나고 있습니다.

15 7개

16

시작

17 42 / 35 / 40

18 8개

💬**19**

💬**20** 15

1 ㉠ 모양은 △, □, □이 반복됩니다.

2 • 모양은 △, □ 다음이므로 □입니다.
　　• 색깔은 파란색 다음이므로 노란색입니다.

3 색칠된 부분이 시계 방향으로 돌아가도록 그림을 완성합니다.

5 두 수의 합을 이용하여 빈칸에 알맞은 수를 구합니다.

6 7　8　9　10 ⇨ 1씩 커집니다.
　　+1 +1 +1

7 7　9　11 ⇨ 2씩 커집니다.
　　+2 +2

9 16　32　48　64 ⇨ 16씩 커집니다.
　　+16 +16 +16

10 가 반복됩니다.

12 같은 요일은 7일마다 반복되므로 같은 줄에서 아래로 내려갈수록 7씩 커집니다.

13 1　9　17　25 ⇨ 8씩 커집니다.
　　+8 +8 +8

15 마지막 모양에 쌓은 쌓기나무가 6개입니다.
　　따라서 다음에 쌓을 쌓기나무는 모두
　　$6+1=7$(개)입니다.

16 빨간색, 파란색, 노란색이 각각 1개씩 늘어나며 반복됩니다.
　　⇨ 파란색 3개 다음이므로 노란색 3개가 되도록 색칠합니다.

17

	㉠
㉡	42	49
㉢	48	56

㉠ 위로 올라갈수록 7씩 작아지므로
　　$49-7=42$입니다.
㉡ 왼쪽으로 갈수록 7씩 작아지므로
　　$42-7=35$입니다.
㉢ 왼쪽으로 갈수록 8씩 작아지므로
　　$48-8=40$입니다.

18 쌓기나무가 오른쪽으로 3개씩 늘어납니다.

따라서 빈칸에 들어갈 모양은 　　　　　이므로

필요한 쌓기나무는 모두 8개입니다.

19 ❶ 예 색칠된 부분이 시계 반대 방향으로 돌아갑니다.
❷

채점 기준	
❶ 색칠된 부분의 규칙 찾기	2점
❷ 그림 완성하기	3점

20 ❶ 예 오른쪽으로 갈수록 3씩 커집니다.
❷ $12+3=15$입니다.

채점 기준	
❶ 덧셈표의 규칙 찾기	3점
❷ 빈칸에 알맞은 수 구하기	2점

Basic Book 정답

1. 네 자리 수

2쪽 **1** 천을 알아볼까요

1 1000 **2** 1000 **3** 1000
4 천 **5** 1 **6** 10
7 300 **8** 600 **9** 200
10 500

3쪽 **2** 몇천을 알아볼까요

1 3000 **2** 5000 **3** 7000
4 4000 **5** 칠천 **6** 육천
7 구천 **8** 삼천 **9** 2000
10 8000 **11** 5000 **12** 4000

4쪽 **3** 네 자리 수를 알아볼까요

1 4175 **2** 6738
3 5809 **4** 9021
5 삼천오백구십일 **6** 칠천팔
7 이천오백사 **8** 천구백팔십육
9 4215 **10** 6043
11 8102 **12** 5479

5쪽 **4** 각 자리의 숫자는 얼마를 나타낼까요

1 1, 5, 2, 4 **2** 9, 3, 6, 8
3 7, 0, 2, 3 **4** 70
5 5000 **6** 200
7 3 **8** 9000
9 20 **10** 8

6쪽 **5** 뛰어 세어 볼까요

1 2000, 4000, 6000
2 4920, 7920, 8920
3 5149, 5349, 5549
4 7712, 7912, 8012
5 1337, 1347, 1367
6 8283, 8303, 8313
7 4103, 4105, 4106
8 9992, 9995, 9997

7쪽 **6** 수의 크기를 비교해 볼까요

1 < **2** > **3** <
4 > **5** < **6** >
7 < **8** < **9** >
10 > **11** < **12** <
13 > **14** <

2. 곱셈구구

8쪽 **1** 2단 곱셈구구를 알아볼까요

1 8 **2** 10 **3** 14
4 16 **5** 12 **6** 6
7 18 **8** 2 **9** 14
10 8 **11** 10 **12** 4
13 16

9쪽 **2** 5단 곱셈구구를 알아볼까요

1 20 **2** 25 **3** 35
4 40 **5** 30 **6** 10
7 25 **8** 15 **9** 35
10 20 **11** 45 **12** 5
13 40

3 3단, 6단 곱셈구구를 알아볼까요

1 6   **2** 9   **3** 12
4 18   **5** 15   **6** 3
7 18   **8** 24   **9** 21
10 12   **11** 36   **12** 30
13 48   **14** 42   **15** 24
16 54

11쪽 **4** 4단, 8단 곱셈구구를 알아볼까요

1 20   **2** 24   **3** 16
4 24   **5** 4   **6** 32
7 8   **8** 28   **9** 16
10 36   **11** 40   **12** 8
13 64   **14** 48   **15** 72
16 56

12쪽 **5** 7단 곱셈구구를 알아볼까요

1 14   **2** 21   **3** 28
4 35   **5** 49   **6** 56
7 14   **8** 7   **9** 28
10 63   **11** 42   **12** 21
13 35

13쪽 **6** 9단 곱셈구구를 알아볼까요

1 18   **2** 36   **3** 45
4 54   **5** 9   **6** 27
7 18   **8** 72   **9** 36
10 63   **11** 81   **12** 45

14쪽 **7** 1단 곱셈구구와 0의 곱을 알아볼까요

1 3   **2** 6   **3** 0
4 0   **5** 2   **6** 8
7 7   **8** 4   **9** 5
10 9   **11** 0   **12** 0
13 0   **14** 0   **15** 0
16 0

15쪽 **8** 곱셈표를 만들어 볼까요

1 (위에서부터) 0, 0 / 0, 1
2 (위에서부터) 4, 6 / 6, 9
3 (위에서부터) 16, 20, 24, 28, 32 /
20, 25, 30, 35, 40 / 24, 30, 36, 42, 48 /
28, 35, 42, 49, 56 / 32, 40, 48, 56, 64
4 5
5 7×4

16쪽 **9** 곱셈구구를 이용하여 문제를 해결해 볼까요

1 식 $2 \times 3 = 6$ 답 6개
2 식 $4 \times 7 = 28$ 답 28명
3 식 $6 \times 5 = 30$ 답 30개
4 식 $5 \times 4 = 20$ 답 20개
5 식 $9 \times 8 = 72$ 답 72쪽

3. 길이 재기

17쪽 **1** cm보다 더 큰 단위를 알아볼까요

1 1   **2** 400   **3** 2
4 900   **5** 6   **6** 700
7 5   **8** 2, 94   **9** 740
10 581   **11** 6, 12   **12** 4, 5
13 809   **14** 326

2 자로 길이를 재어 볼까요

1 160 / 1, 60
2 110 / 1, 10
3 150 / 1, 50
4 130 / 1, 30
5 140 / 1, 40

3 길이의 합을 구해 볼까요

1 3, 40
2 4, 80
3 4, 45
4 8, 38
5 7, 89
6 8, 25
7 4, 90
8 6, 50
9 6, 28
10 9, 75
11 8, 56
12 9, 18

4 길이의 차를 구해 볼까요

1 1, 10
2 1, 20
3 3, 30
4 3, 34
5 2, 31
6 2, 55
7 2, 10
8 1, 30
9 4, 43
10 5, 31
11 3, 76
12 5, 61

5 길이를 어림해 볼까요 (1)

1 4
2 5
3 2
4 3
5 ○
6 △
7 ○
8 △
9 △
10 ○

6 길이를 어림해 볼까요 (2)

1 1 m
2 30 m
3 10 m
4 100 m
5 3 m
6 △
7 ○
8 ○
9 △
10 △
11 ○

4. 시각과 시간

1 몇 시 몇 분을 읽어 볼까요 (1)

1 9, 5
2 1, 15
3 11, 40
4 5, 45
5
6
7
8

2 몇 시 몇 분을 읽어 볼까요 (2)

1 5, 9
2 7, 24
3 10, 41
4 11, 52
5
6
7
8

3 여러 가지 방법으로 시각을 읽어 볼까요

1 1, 55 / 2, 5
2 3, 55 / 4, 5
3 7, 50 / 8, 10
4 8, 50 / 9, 10
5
6
7
8

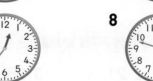

1 60   **2** 1
3 120   **4** 3
5 240   **6** 5

7 9시 10분 20분 30분 40분 50분 10시   / 60

8 2시 10분 20분 30분 40분 50분 3시 10분 20분 30분 40분 50분 4시   / 60

9 5시 10분 20분 30분 40분 50분 6시 10분 20분 30분 40분 50분 7시   / 1

1 90   **2** 140
3 110   **4** 1, 20
5 2, 40   **6** 3, 30

7 4시 10분 20분 30분 40분 50분 5시 10분 20분 30분 40분 50분 6시   / 1, 40

8 1시 10분 20분 30분 40분 50분 2시 10분 20분 30분 40분 50분 3시   / 1, 10

9 6시 10분 20분 30분 40분 50분 7시 10분 20분 30분 40분 50분 8시   / 1, 50

1 24   **2** 48
3 34   **4** 1, 4
5 1, 11   **6** 2, 2
7 오전   **8** 오후
9 오후   **10** 오전
11 오후   **12** 오전

1 2   **2** 28
3 7   **4** 12, 19, 26
5 금   **6** 금
7 △   **8** ○
9 ○   **10** 14
11 3   **12** 36

5. 표와 그래프

1 2, 3, 3, 8   **2** 3, 4, 1, 8
3 2, 4, 2, 8   **4** 3, 2, 1, 2, 8

1 1, 3, 3, 2, 1, 10
2 2, 2, 1, 1, 2, 2, 10
3 3, 1, 2, 4, 10

1 5, 2, 3, 10
2 진균이네 모둠 학생들의 장래 희망별 학생 수

학생 수(명) / 장래 희망	의사	선생님	가수
5	○		
4	○		
3	○		○
2	○	○	○
1	○	○	○

3 3, 5, 4, 12
4 영준이네 모둠 학생들이 좋아하는 채소별 학생 수

학생 수(명) / 채소	양파	배추	오이
5		/	
4		/	/
3	/	/	/
2	/	/	/
1	/	/	/

 **Basic Book 정답**

33쪽 **4** 표와 그래프를 보고 무엇을 알 수 있을까요

1 10명　　　　　　　　**2** 피아노
3 ×　　　　　　　　　**4** 사과
5 표　　　　　　　　　**6** 포도

34쪽 **5** 표와 그래프로 나타내 볼까요

1 2, 2, 3, 1, 8
2 예 유진이네 모둠 학생들의 혈액형별 학생 수

3			/	
2		/	/	/
1	/	/	/	/
학생 수(명)／혈액형	A형	B형	O형	AB형

3 5, 6, 6, 17
4 예

8월의 일부 날씨별 날수

6		○	○
5	○	○	○
4	○	○	○
3	○	○	○
2	○	○	○
1	○	○	○
날수(일)／날씨	맑음	흐림	비

6. 규칙 찾기

35쪽 **1** 무늬에서 색깔과 모양의 규칙을 찾아볼까요

1 △, ○　　　　　　**2** 파란색, 보라색
3 ○, △ / 초록색, 빨간색

36쪽 **2** 무늬에서 방향과 수의 규칙을 찾아볼까요

1 시계 방향　　　　　**2** 시계 반대 방향
3 1　　　　　　　　　**4** 1

37쪽 **3** 쌓은 모양에서 규칙을 찾아볼까요

1 1　　　　　　　　　**2** 2
3 1　　　　　　　　　**4** 1

38쪽 **4** 덧셈표에서 규칙을 찾아볼까요

1 13, 14, 15 / 14, 15 / 15
2 1　　　　　　　　　**3** 1
4 2

39쪽 **5** 곱셈표에서 규칙을 찾아볼까요

1 28, 32, 36 / 40, 45 / 54
2 3　　　　　　　　　**3** 8
4 6

40쪽 **6** 생활에서 규칙을 찾아볼까요

1 7　　　　　　　　　**2** 1
3 7　　　　　　　　　**4** 3

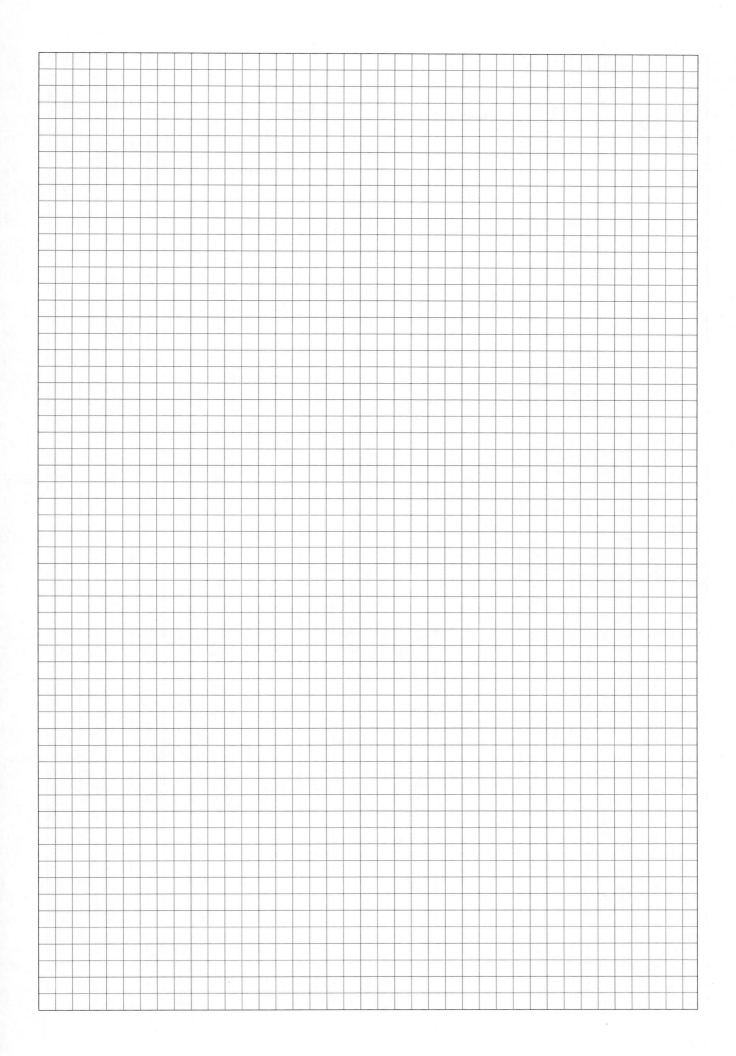

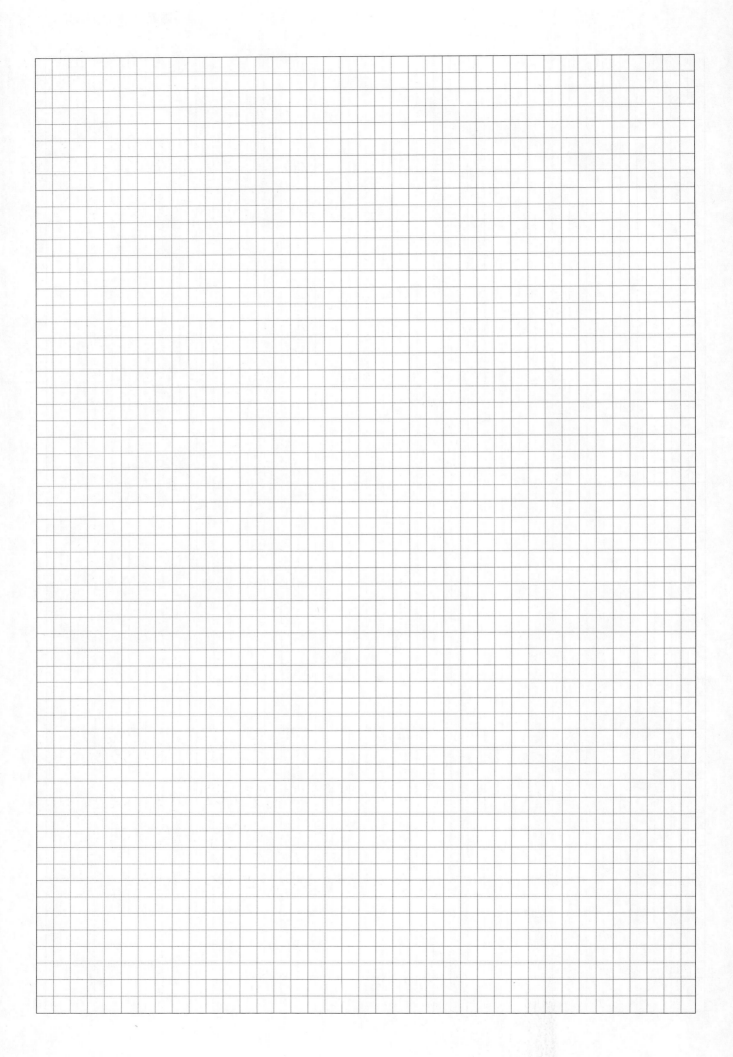

교과서 개념 잡기

교과서 내용을 쉽고 빠르게 학습하여 개념을 꽉! 잡아줍니다.

대표전화 1544-0554
주소 경기도 과천시 과천대로2길 54
협의 없는 무단 복제는 법으로 금지되어 있습니다.

개·념·드·릴·서

Basic Book

22 개정 새 교육과정

초등 수학

2·2

 **책 속의 가접 별책** (특허 제 0557442호)

'Basic Book'은 본책에서 쉽게 분리할 수 있도록 제작되었으므로
유통 과정에서 분리될 수 있으나 파본이 아닌 정상제품입니다.

 visang

교과서
개념
잡기

Basic Book

초등 수학

2·2

① 천을 알아볼까요

🔍 수 모형을 보고 ☐ 안에 알맞은 수나 말을 써넣으세요. [1~4]

1
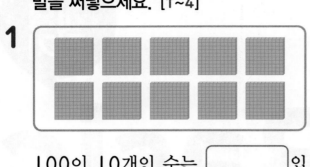

100이 10개인 수는 ☐ 입니다.

2
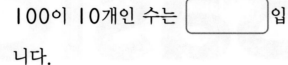

900보다 100만큼 더 큰 수는 ☐ 입니다.

3
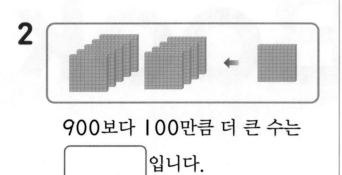

100이 9개, 10이 10개이면 ☐ 입니다.

4
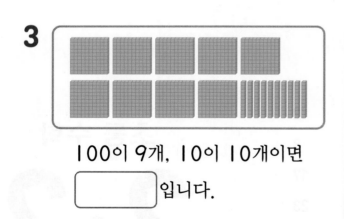

1000은 ☐ 이라고 읽습니다.

🔍 ☐ 안에 알맞은 수를 써넣으세요.
[5~10]

5 1000은 999보다 ☐ 만큼 더 큰 수입니다.

6 1000은 990보다 ☐ 만큼 더 큰 수입니다.

7 700보다 ☐ 만큼 더 큰 수는 1000입니다.

8 400보다 ☐ 만큼 더 큰 수는 1000입니다.

9 800보다 ☐ 만큼 더 큰 수는 1000입니다.

10 500보다 ☐ 만큼 더 큰 수는 1000입니다.

▶ 정답과 풀이 **26**쪽

2 몇천을 알아볼까요

⊕ 수 모형을 보고 ☐ 안에 알맞은 수를 써넣으세요. [1~4]

1

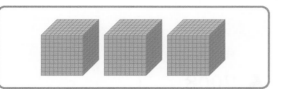

1000이 3개이면 [ ] 입니다.

2

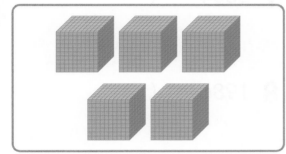

1000이 5개이면 [ ] 입니다.

3

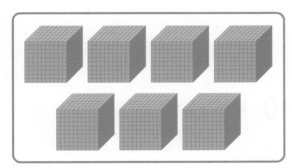

1000이 7개이면 [ ] 입니다.

4

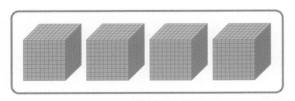

1000이 4개이면 [ ] 입니다.

⊕ 수를 읽어 보세요. [5~8]

5 7000 ⇨ ( )

6 6000 ⇨ ( )

7 9000 ⇨ ( )

8 3000 ⇨ ( )

⊕ 수로 써 보세요. [9~12]

9 이천 ⇨ ( )

10 팔천 ⇨ ( )

11 오천 ⇨ ( )

12 사천 ⇨ ( )

3 네 자리 수를 알아볼까요

□ 안에 알맞은 수를 써넣으세요.

[1~4]

1 1000이 4개 ┐
100이 1개 ┤ 이면 [ ]
10이 7개 ┤
1이 5개 ┘

2 1000이 6개 ┐
100이 7개 ┤ 이면 [ ]
10이 3개 ┤
1이 8개 ┘

3 1000이 5개 ┐
100이 8개 ┤ 이면 [ ]
10이 0개 ┤
1이 9개 ┘

4 1000이 9개 ┐
100이 0개 ┤ 이면 [ ]
10이 2개 ┤
1이 1개 ┘

수를 읽어 보세요. [5~8]

5 3591 ⇨ ( )

6 7008 ⇨ ( )

7 2504 ⇨ ( )

8 1986 ⇨ ( )

수로 써 보세요. [9~12]

9 사천이백십오
⇨ ( )

10 육천사십삼
⇨ ( )

11 팔천백이
⇨ ( )

12 오천사백칠십구
⇨ ( )

▶ 정답과 풀이 **26**쪽

4 각 자리의 숫자는 얼마를 나타낼까요

⊕ ☐ 안에 알맞은 수를 써넣으세요.

[1~3]

1

1524에서

┌ 천의 자리 숫자: ☐

├ 백의 자리 숫자: ☐

├ 십의 자리 숫자: ☐

└ 일의 자리 숫자: ☐

2

9368에서

┌ 천의 자리 숫자: ☐

├ 백의 자리 숫자: ☐

├ 십의 자리 숫자: ☐

└ 일의 자리 숫자: ☐

3

7023에서

┌ 천의 자리 숫자: ☐

├ 백의 자리 숫자: ☐

├ 십의 자리 숫자: ☐

└ 일의 자리 숫자: ☐

⊕ 밑줄 친 숫자는 얼마를 나타내는지 써 보세요. [4~10]

4 61<u>7</u>0 ⇨ ( )

5 <u>5</u>807 ⇨ ( )

6 <u>7</u>261 ⇨ ( )

7 875<u>3</u> ⇨ ( )

8 <u>9</u>144 ⇨ ( )

9 40<u>2</u>6 ⇨ ( )

10 371<u>8</u> ⇨ ( )

5 뛰어 세어 볼까요

🔍 1000씩 뛰어 세어 보세요. [1~2]

1

1000		3000

	5000	

2

3920		5920

6920		

🔍 100씩 뛰어 세어 보세요. [3~4]

3

5049		5249

	5449	

4

7512	7612	

7812		

🔍 10씩 뛰어 세어 보세요. [5~6]

5

1327		

1357		1377

6

8273		8293

		8323

🔍 1씩 뛰어 세어 보세요. [7~8]

7

4101	4102	

4104		

8

	9993	9994

	9996	

▶ 정답과 풀이 **26**쪽

6 수의 크기를 비교해 볼까요

🔍 두 수의 크기를 비교하여 ◯ 안에 > 또는 < 를 알맞게 써넣으세요. [1~14]

1 4892 ◯ 5036

2 7218 ◯ 7195

3 6323 ◯ 6327

4 2984 ◯ 2961

5 9526 ◯ 9902

6 8472 ◯ 8470

7 2987 ◯ 5002

8 3543 ◯ 3553

9 7890 ◯ 6894

10 4576 ◯ 4571

11 8294 ◯ 8798

12 6354 ◯ 6367

13 5813 ◯ 5694

14 2667 ◯ 2668

1 2단 곱셈구구를 알아볼까요

🔍 그림을 보고 곱셈식으로 나타내려고 합니다. ☐ 안에 알맞은 수를 써넣으세요. [1~4]

1

$$2 \times 4 = \boxed{}$$

2

$$2 \times 5 = \boxed{}$$

3

$$2 \times 7 = \boxed{}$$

4

$$2 \times 8 = \boxed{}$$

🔍 ☐ 안에 알맞은 수를 써넣으세요. [5~13]

5 $2 \times 6 = \boxed{}$　　**6** $2 \times 3 = \boxed{}$　　**7** $2 \times 9 = \boxed{}$

8 $2 \times 1 = \boxed{}$　　**9** $2 \times 7 = \boxed{}$　　**10** $2 \times 4 = \boxed{}$

11 $2 \times 5 = \boxed{}$　　**12** $2 \times 2 = \boxed{}$　　**13** $2 \times 8 = \boxed{}$

▶ 정답과 풀이 **26**쪽

2 **5단 곱셈구구를 알아볼까요**

🔍 그림을 보고 곱셈식으로 나타내려고 합니다. ☐ 안에 알맞은 수를 써넣으세요. [1~4]

1

$5 \times 4 = \boxed{}$

2

$5 \times 5 = \boxed{}$

3

$5 \times 7 = \boxed{}$

4

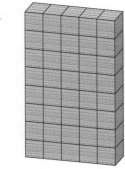

$5 \times 8 = \boxed{}$

🔍 ☐ 안에 알맞은 수를 써넣으세요. [5~13]

5 $5 \times 6 = \boxed{}$

6 $5 \times 2 = \boxed{}$

7 $5 \times 5 = \boxed{}$

8 $5 \times 3 = \boxed{}$

9 $5 \times 7 = \boxed{}$

10 $5 \times 4 = \boxed{}$

11 $5 \times 9 = \boxed{}$

12 $5 \times 1 = \boxed{}$

13 $5 \times 8 = \boxed{}$

③ 3단, 6단 곱셈구구를 알아볼까요

🔍 그림을 보고 곱셈식으로 나타내려고 합니다. ☐ 안에 알맞은 수를 써넣으세요. [1~4]

1

$3 \times 2 = \boxed{}$

2

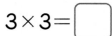

$3 \times 3 = \boxed{}$

3

$6 \times 2 = \boxed{}$

4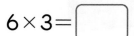

$6 \times 3 = \boxed{}$

🔍 ☐ 안에 알맞은 수를 써넣으세요. [5~16]

5 $3 \times 5 = \boxed{}$

6 $3 \times 1 = \boxed{}$

7 $3 \times 6 = \boxed{}$

8 $3 \times 8 = \boxed{}$

9 $3 \times 7 = \boxed{}$

10 $3 \times 4 = \boxed{}$

11 $6 \times 6 = \boxed{}$

12 $6 \times 5 = \boxed{}$

13 $6 \times 8 = \boxed{}$

14 $6 \times 7 = \boxed{}$

15 $6 \times 4 = \boxed{}$

16 $6 \times 9 = \boxed{}$

▶ 정답과 풀이 **27쪽**

4 **4단, 8단 곱셈구구를 알아볼까요**

🔍 그림을 보고 곱셈식으로 나타내려고 합니다. ▢ 안에 알맞은 수를 써넣으세요. [1~4]

1

$4 \times 5 =$ ▢

2

$4 \times 6 =$ ▢

3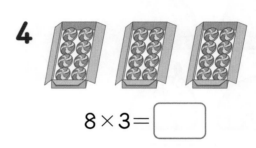

$8 \times 2 =$ ▢

4

$8 \times 3 =$ ▢

🔍 ▢ 안에 알맞은 수를 써넣으세요. [5~16]

5 $4 \times 1 =$ ▢

6 $4 \times 8 =$ ▢

7 $4 \times 2 =$ ▢

8 $4 \times 7 =$ ▢

9 $4 \times 4 =$ ▢

10 $4 \times 9 =$ ▢

11 $8 \times 5 =$ ▢

12 $8 \times 1 =$ ▢

13 $8 \times 8 =$ ▢

14 $8 \times 6 =$ ▢

15 $8 \times 9 =$ ▢

16 $8 \times 7 =$ ▢

5 **7단 곱셈구구를 알아볼까요**

🔍 그림을 보고 곱셈식으로 나타내려고 합니다. ▢ 안에 알맞은 수를 써넣으세요. [1~4]

1

$7 \times 2 = \boxed{}$

2

$7 \times 3 = \boxed{}$

3

$7 \times 4 = \boxed{}$

4

$7 \times 5 = \boxed{}$

🔍 ▢ 안에 알맞은 수를 써넣으세요. [5~13]

5 $7 \times 7 = \boxed{}$ **6** $7 \times 8 = \boxed{}$ **7** $7 \times 2 = \boxed{}$

8 $7 \times 1 = \boxed{}$ **9** $7 \times 4 = \boxed{}$ **10** $7 \times 9 = \boxed{}$

11 $7 \times 6 = \boxed{}$ **12** $7 \times 3 = \boxed{}$ **13** $7 \times 5 = \boxed{}$

▶ 정답과 풀이 **27**쪽

6 **9단 곱셈구구를 알아볼까요**

🔍 수직선을 보고 곱셈식으로 나타내려고 합니다. ☐ 안에 알맞은 수를 써넣으세요. [1~3]

1
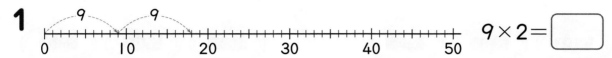
$9 \times 2 = \boxed{}$

2
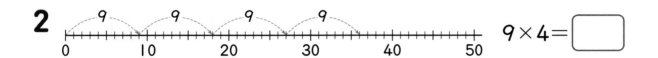
$9 \times 4 = \boxed{}$

3
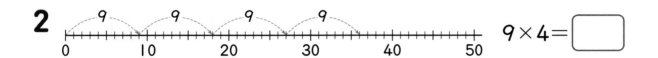
$9 \times 5 = \boxed{}$

🔍 ☐ 안에 알맞은 수를 써넣으세요. [4~12]

4 $9 \times 6 = \boxed{}$

5 $9 \times 1 = \boxed{}$

6 $9 \times 3 = \boxed{}$

7 $9 \times 2 = \boxed{}$

8 $9 \times 8 = \boxed{}$

9 $9 \times 4 = \boxed{}$

10 $9 \times 7 = \boxed{}$

11 $9 \times 9 = \boxed{}$

12 $9 \times 5 = \boxed{}$

7 # 1단 곱셈구구와 0의 곱을 알아볼까요

🔍 그림을 보고 곱셈식으로 나타내려고 합니다. ☐ 안에 알맞은 수를 써넣으세요. [1~4]

1

$$1 \times 3 = \boxed{}$$

2

$$1 \times 6 = \boxed{}$$

3

$$0 \times 3 = \boxed{}$$

4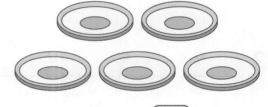

$$0 \times 5 = \boxed{}$$

🔍 ☐ 안에 알맞은 수를 써넣으세요. [5~16]

5 $1 \times 2 = \boxed{}$

6 $1 \times 8 = \boxed{}$

7 $1 \times 7 = \boxed{}$

8 $1 \times 4 = \boxed{}$

9 $1 \times 5 = \boxed{}$

10 $1 \times 9 = \boxed{}$

11 $0 \times 1 = \boxed{}$

12 $2 \times 0 = \boxed{}$

13 $0 \times 9 = \boxed{}$

14 $0 \times 4 = \boxed{}$

15 $7 \times 0 = \boxed{}$

16 $8 \times 0 = \boxed{}$

▶ 정답과 풀이 **27**쪽

8 곱셈표를 만들어 볼까요

⊕ 빈칸에 알맞은 수를 써넣어 곱셈표를 완성해 보세요. [1~2]

1

×	0	1
0		
1		

2

×	2	3
2		
3		

2

곱셈구구

⊕ 곱셈표를 보고 물음에 답하세요. [3~5]

×	4	5	6	7	8
4					
5					
6					
7					
8					

3 빈칸에 알맞은 수를 써넣어 곱셈표를 완성해 보세요.

4 5단 곱셈구구는 곱이 몇씩 커질까요?

( )

5 곱셈표에서 4 × 7과 곱이 같은 곱셈구구를 찾아 써 보세요.

( )

9 곱셈구구를 이용하여 문제를 해결해 볼까요

1 상자 한 개에 보온병이 2개씩 들어 있습니다. 상자 3개에 들어 있는 보온병은 모두 몇 개인지 곱셈식을 이용하여 구해 보세요.

식 _____

답 _____

2 긴 의자 한 개에 4명씩 앉을 수 있습니다. 긴 의자 7개에 모두 몇 명이 앉을 수 있는지 곱셈식을 이용하여 구해 보세요.

식 _____

답 _____

3 봉지 한 개에 사과가 6개씩 들어 있습니다. 봉지 5개에 들어 있는 사과는 모두 몇 개인지 곱셈식을 이용하여 구해 보세요.

식 _____

답 _____

4 상자 한 개에 곶감이 5개씩 들어 있습니다. 상자 4개에 들어 있는 곶감은 모두 몇 개인지 곱셈식을 이용하여 구해 보세요.

식 _____

답 _____

5 재훈이는 책을 하루에 9쪽씩 읽고 있습니다. 재훈이가 8일 동안 읽은 책은 모두 몇 쪽인지 곱셈식을 이용하여 구해 보세요.

식 _____

답 _____

▶ 정답과 풀이 **27**쪽

3

1 cm보다 더 큰 단위를 알아볼까요

 🔍 ☐ 안에 알맞은 수를 써넣으세요. [1~14]

1 100 cm = ☐ m

2 4 m = ☐ cm

3 200 cm = ☐ m

4 9 m = ☐ cm

5 600 cm = ☐ m

6 7 m = ☐ cm

7 500 cm = ☐ m

8 294 cm = ☐ m ☐ cm

9 7 m 40 cm = ☐ cm

10 5 m 81 cm = ☐ cm

11 612 cm = ☐ m ☐ cm

12 405 cm = ☐ m ☐ cm

13 8 m 9 cm = ☐ cm

14 3 m 26 cm = ☐ cm

2 자로 길이를 재어 볼까요

🔍 물건의 길이를 두 가지 방법으로 나타내 보세요. [1~5]

1

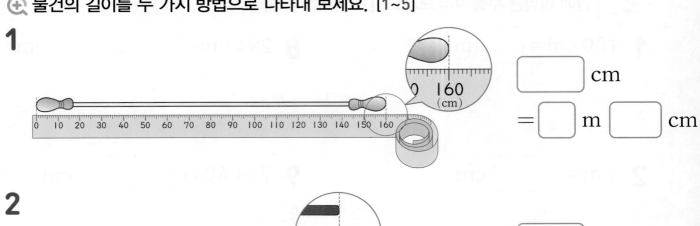

□ cm

= □ m □ cm

2

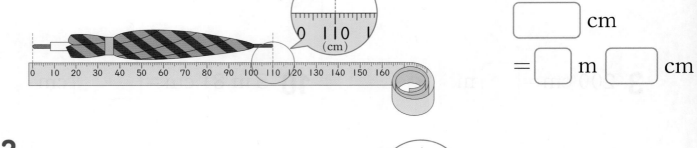

□ cm

= □ m □ cm

3

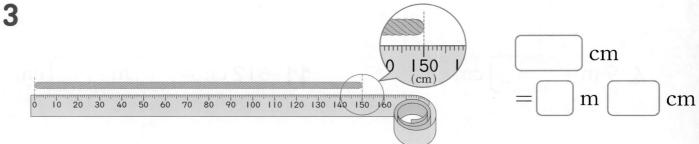

□ cm

= □ m □ cm

4

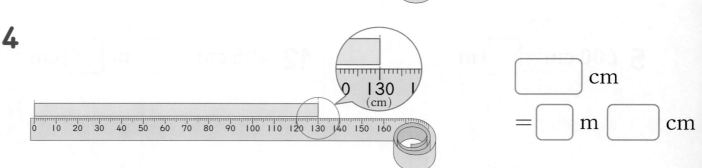

□ cm

= □ m □ cm

5

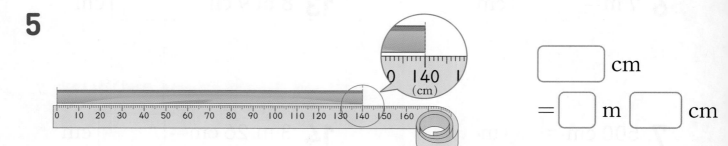

□ cm

= □ m □ cm

▶ 정답과 풀이 **28**쪽

3 길이의 합을 구해 볼까요

🔍 길이의 합을 구해 보세요. [1~12]

1
$$\begin{array}{r} 1 \text{ m} \quad 30 \text{ cm} \\ + \ 2 \text{ m} \quad 10 \text{ cm} \\ \hline \boxed{} \text{ m} \ \boxed{} \text{ cm} \end{array}$$

2
$$\begin{array}{r} 2 \text{ m} \quad 60 \text{ cm} \\ + \ 2 \text{ m} \quad 20 \text{ cm} \\ \hline \boxed{} \text{ m} \ \boxed{} \text{ cm} \end{array}$$

3
$$\begin{array}{r} 3 \text{ m} \quad 25 \text{ cm} \\ + \ 1 \text{ m} \quad 20 \text{ cm} \\ \hline \boxed{} \text{ m} \ \boxed{} \text{ cm} \end{array}$$

4
$$\begin{array}{r} 5 \text{ m} \quad 36 \text{ cm} \\ + \ 3 \text{ m} \quad 2 \text{ cm} \\ \hline \boxed{} \text{ m} \ \boxed{} \text{ cm} \end{array}$$

5
$$\begin{array}{r} 4 \text{ m} \quad 53 \text{ cm} \\ + \ 3 \text{ m} \quad 36 \text{ cm} \\ \hline \boxed{} \text{ m} \ \boxed{} \text{ cm} \end{array}$$

6
$$\begin{array}{r} 6 \text{ m} \quad 21 \text{ cm} \\ + \ 2 \text{ m} \quad 4 \text{ cm} \\ \hline \boxed{} \text{ m} \ \boxed{} \text{ cm} \end{array}$$

7 2 m 40 cm + 2 m 50 cm
= $\boxed{}$ m $\boxed{}$ cm

8 2 m 30 cm + 4 m 20 cm
= $\boxed{}$ m $\boxed{}$ cm

9 5 m 22 cm + 1 m 6 cm
= $\boxed{}$ m $\boxed{}$ cm

10 7 m 40 cm + 2 m 35 cm
= $\boxed{}$ m $\boxed{}$ cm

11 6 m 14 cm + 2 m 42 cm
= $\boxed{}$ m $\boxed{}$ cm

12 8 m 5 cm + 1 m 13 cm
= $\boxed{}$ m $\boxed{}$ cm

4 길이의 차를 구해 볼까요

🔍 길이의 차를 구해 보세요. [1~12]

1

```
    2  m   40  cm
  - 1  m   30  cm
  ┌──┐ m ┌──┐ cm
```

7 3 m 60 cm − 1 m 50 cm

= ☐ m ☐ cm

2

```
    3  m   80  cm
  - 2  m   60  cm
  ┌──┐ m ┌──┐ cm
```

8 2 m 70 cm − 1 m 40 cm

= ☐ m ☐ cm

3

```
    5  m   65  cm
  - 2  m   35  cm
  ┌──┐ m ┌──┐ cm
```

9 6 m 45 cm − 2 m 2 cm

= ☐ m ☐ cm

4

```
    4  m   39  cm
  - 1  m    5  cm
  ┌──┐ m ┌──┐ cm
```

10 8 m 96 cm − 3 m 65 cm

= ☐ m ☐ cm

5

```
    8  m   72  cm
  - 6  m   41  cm
  ┌──┐ m ┌──┐ cm
```

11 7 m 88 cm − 4 m 12 cm

= ☐ m ☐ cm

6

```
    7  m   57  cm
  - 5  m    2  cm
  ┌──┐ m ┌──┐ cm
```

12 10 m 67 cm − 5 m 6 cm

= ☐ m ☐ cm

5 길이를 어림해 볼까요 (1)

▶ 정답과 풀이 **28**쪽

➕ 몸의 부분으로 주어진 길이는 약 몇 m 인지 어림해 보세요. [1~4]

1

약 ☐ m

2

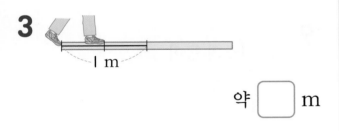

약 ☐ m

3

약 ☐ m

4

약 ☐ m

➕ 길이가 1 m보다 긴 것에 ◯표, 1 m 보다 짧은 것에 △표 하세요. [5~10]

5 방문의 높이

(   )

6 공책 짧은 쪽의 길이

(   )

7 학교 교실 칠판 긴 쪽의 길이

(   )

8 연필의 길이

(   )

9 운동화의 길이

(   )

10 승용차의 길이

(   )

6 길이를 어림해 볼까요 (2)

🔍 알맞은 길이를 골라 문장을 완성해 보세요. [1~5]

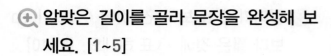

| 1 m | 3 m | 10 m |
| 30 m | | 100 m |

1 우산의 길이는 약 [ ] 입니다.

2 10층 건물의 높이는 약 [ ] 입니다.

3 버스의 길이는 약 [ ] 입니다.

4 축구 경기장 긴 쪽의 길이는 약 [ ] 입니다.

5 놀이터에 있는 구름사다리의 높이는 약 [ ] 입니다.

🔍 길이가 10 m보다 긴 것에 ◯표, 10 m보다 짧은 것에 △표 하세요. [6~11]

6 빨대 10개를 이어 놓은 길이
( )

7 한강 다리의 길이
( )

8 운동장 긴 쪽의 길이
( )

9 버스의 높이
( )

10 책상의 길이
( )

11 설악산의 높이
( )

▶ 정답과 풀이 **28**쪽

1 몇 시 몇 분을 읽어 볼까요 (1)

⊕ 시계를 보고 몇 시 몇 분인지 써 보세요.

[1~4]

1  ☐시 ☐분

2  ☐시 ☐분

3  ☐시 ☐분

4  ☐시 ☐분

⊕ 시계에 시각을 나타내 보세요. [5~8]

5 7시 10분

6 2시 25분

7 12시 50분

8 4시 55분

2 몇 시 몇 분을 읽어 볼까요 (2)

🔍 시계를 보고 몇 시 몇 분인지 써 보세요.

[1~4]

1

☐ 시 ☐ 분

2

☐ 시 ☐ 분

3

☐ 시 ☐ 분

4

☐ 시 ☐ 분

🔍 시계에 시각을 나타내 보세요. [5~8]

5

4시 7분

6

6시 13분

7

12시 36분

8

1시 48분

▶ 정답과 풀이 28쪽

3 **여러 가지 방법으로 시각을 읽어 볼까요**

🔍 시각을 읽어 보세요. [1~4]

1
☐ 시 ☐ 분
☐ 시 ☐ 분 전

2
☐ 시 ☐ 분
☐ 시 ☐ 분 전

3
☐ 시 ☐ 분
☐ 시 ☐ 분 전

4
☐ 시 ☐ 분
☐ 시 ☐ 분 전

🔍 시계에 시각을 나타내 보세요. [5~8]

5 3시 5분 전

6 6시 5분 전

7 5시 10분 전

8 12시 10분 전

4

시각과 시간

4 **1시간을 알아볼까요**

🔍 ☐ 안에 알맞은 수를 써넣으세요.

[1~6]

1 1시간=☐분

2 60분=☐시간

3 2시간=☐분

4 180분=☐시간

5 4시간=☐분

6 300분=☐시간

🔍 두 시계를 보고 시간이 얼마나 지났는 지 시간 띠에 색칠하고 구해 보세요.

[7~9]

7

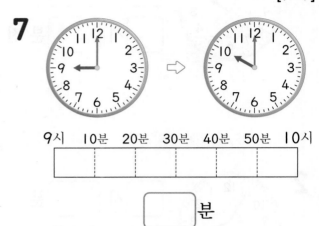

9시　10분　20분　30분　40분　50분　10시

☐분

8

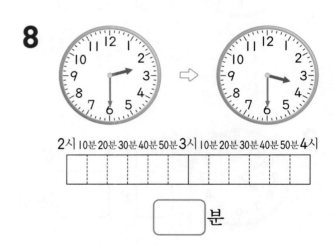

2시 10분 20분 30분 40분 50분 3시 10분 20분 30분 40분 50분 4시

☐분

9

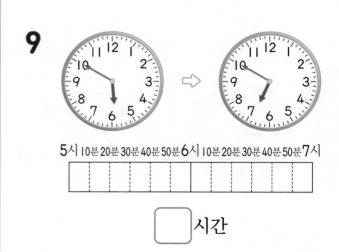

5시 10분 20분 30분 40분 50분 6시 10분 20분 30분 40분 50분 7시

☐시간

5 **걸린 시간을 알아볼까요**

⊕ ⬚ 안에 알맞은 수를 써넣으세요.

[1~6]

1 | 시간 30분 = ⬚ 분

2 2시간 20분 = ⬚ 분

3 | 시간 50분 = ⬚ 분

4 80분 = ⬚ 시간 ⬚ 분

5 |60분 = ⬚ 시간 ⬚ 분

6 2|0분 = ⬚ 시간 ⬚ 분

⊕ 두 시계를 보고 시간이 얼마나 지났는지 시간 띠에 색칠하고 구해 보세요.

[7~9]

7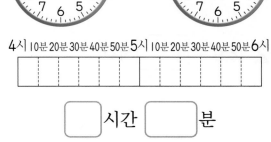

4시 10분 20분 30분 40분 50분 5시 10분 20분 30분 40분 50분 6시

⬚ 시간 ⬚ 분

8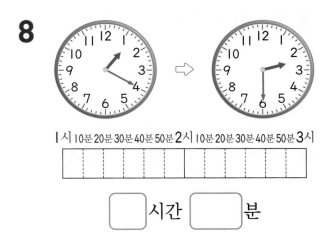

| 시 10분 20분 30분 40분 50분 2시 10분 20분 30분 40분 50분 3시

⬚ 시간 ⬚ 분

9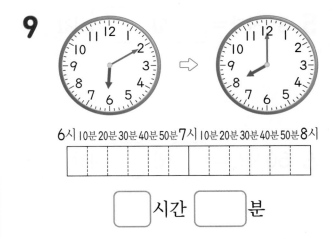

6시 10분 20분 30분 40분 50분 7시 10분 20분 30분 40분 50분 8시

⬚ 시간 ⬚ 분

6 하루의 시간을 알아볼까요

🔍 ☐ 안에 알맞은 수를 써넣으세요.

[1~6]

1 1일 = ☐ 시간

2 2일 = ☐ 시간

3 1일 10시간 = ☐ 시간

4 28시간 = ☐ 일 ☐ 시간

5 35시간 = ☐ 일 ☐ 시간

6 50시간 = ☐ 일 ☐ 시간

🔍 알맞은 말에 ◯표 하세요. [7~12]

7 아침 8시　　(오전 , 오후)

8 저녁 7시　　(오전 , 오후)

9 낮 3시　　(오전 , 오후)

10 새벽 4시　　(오전 , 오후)

11 밤 10시　　(오전 , 오후)

12 아침 9시　　(오전 , 오후)

▶ 정답과 풀이 **29**쪽

7 **달력을 알아볼까요**

🔍 달력을 보고 ⬜ 안에 알맞은 수나 말을 써 넣으세요. [1~6]

2월

일	월	화	수	목	금	토
			1	2	3	4
5	6	7	8	9	10	11
12	13	14	15	16	17	18
19	20	21	22	23	24	25
26	27	28				

1 ⬜ 월의 달력입니다.

2 이 월의 날수는 모두 ⬜ 일입니다.

3 1주일은 ⬜ 일입니다.

4 2월에서 일요일은 5일, ⬜ 일, ⬜ 일, ⬜ 일입니다.

5 2월 17일은 ⬜ 요일입니다.

6 2월 17일에서 1주일 후는 ⬜ 요일입니다.

🔍 날수가 30일인 월은 ◯표, 31일인 월은 △표 하세요. [7~9]

7 3월 (   )

8 4월 (   )

9 11월 (   )

🔍 ⬜ 안에 알맞은 수를 써넣으세요. [10~12]

10 2주일＝⬜ 일

11 21일＝⬜ 주일

12 3년＝⬜ 개월

① 자료를 분류하여 표로 나타내 볼까요

🔍 조사한 자료를 보고 표로 나타내 보세요. [1~4]

1 민재네 모둠 학생들이 좋아하는 꽃

| 민재 | 희연 | 혜영 | 인서 |
| 윤주 | 대영 | 동진 | 은혜 |

민재네 모둠 학생들이 좋아하는 꽃별 학생 수

꽃	장미	무궁화	백합	합계
학생 수(명)				

3 태서네 모둠 학생들의 취미

| 태서 | 영호 | 나래 | 미현 |
| 사랑 | 원준 | 승민 | 주리 |

태서네 모둠 학생들의 취미별 학생 수

취미	독서	게임	등산	합계
학생 수(명)				

2 수지네 모둠 학생들이 가 보고 싶은 나라

| 수지 | 영민 | 경진 | 용운 |
| 보람 | 준태 | 기영 | 혜림 |

수지네 모둠 학생들이 가 보고 싶은 나라별 학생 수

나라	미국	영국	중국	합계
학생 수(명)				

4 준표네 모둠 학생들이 좋아하는 계절

| 준표 | 인영 | 재민 | 은수 |
| 상현 | 근우 | 유진 | 슬기 |

준표네 모둠 학생들이 좋아하는 계절별 학생 수

계절	봄	여름	가을	겨울	합계
학생 수(명)					

▶ 정답과 풀이 **29**쪽

2 자료를 조사하여 표로 나타내 볼까요

1 승재는 윷을 10번 던져서 나온 윷 모양을 조사하였습니다. 나온 윷 모양의 횟수를 표로 나타내 보세요.

승재가 윷을 10번 던져서 나온 윷 모양

승재가 윷을 10번 던져서 나온 윷 모양의 횟수

윷 모양	도	개	걸	윷	모	합계
횟수(번)						

2 주사위를 10번 굴려서 나온 눈을 조사하였습니다. 나온 눈의 횟수를 표로 나타내 보세요.

주사위를 10번 굴려서 나온 눈

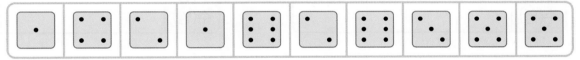

주사위를 10번 굴려서 나온 눈의 횟수

눈	·	··	···	::	∴·	:::	합계
횟수(번)							

3 상자 안에 구슬이 10개 담겨 있습니다. 구슬을 색깔별로 조사하여 표로 나타내 보세요.

상자 안에 담겨 있는 구슬

상자 안에 담겨 있는 색깔별 구슬 수

색깔	빨강	파랑	초록	노랑	합계
구슬 수(개)					

3 자료를 분류하여 그래프로 나타내 볼까요

⊕ 진균이네 모둠 학생들의 장래 희망을 조사하였습니다. 물음에 답하세요. [1~2]

진균이네 모둠 학생들의 장래 희망

진균	연서	은주	태주	도희
보라	현우	나희	은찬	강준

1 조사한 자료를 보고 표로 나타내 보세요.

진균이네 모둠 학생들의 장래 희망별 학생 수

장래 희망	의사	선생님	가수	합계
학생 수(명)				

⊕ 영준이네 모둠 학생들이 좋아하는 채소를 조사하였습니다. 물음에 답하세요. [3~4]

영준이네 모둠 학생들이 좋아하는 채소

영준	대희	예진	상혁	도경	나은
소정	은우	태민	민지	승철	해린

3 조사한 자료를 보고 표로 나타내 보세요.

영준이네 모둠 학생들이 좋아하는 채소별 학생 수

채소	양파	배추	오이	합계
학생 수(명)				

2 위 **1**의 표를 보고 ○를 이용하여 그래프로 나타내 보세요.

진균이네 모둠 학생들의 장래 희망별 학생 수

5			
4			
3			
2			
1			
학생 수(명) / 장래 희망	의사	선생님	가수

4 위 **3**의 표를 보고 /을 이용하여 그래프로 나타내 보세요.

영준이네 모둠 학생들이 좋아하는 채소별 학생 수

5			
4			
3			
2			
1			
학생 수(명) / 채소	양파	배추	오이

4 표와 그래프를 보고 무엇을 알 수 있을까요

한빛이네 모둠 학생들이 연주할 수 있는 악기를 조사하여 표와 그래프로 나타냈습니다. 물음에 답하세요. [1~3]

한빛이네 모둠 학생들이 연주할 수 있는 악기별 학생 수

악기	플루트	피아노	바이올린	합계
학생 수(명)	2	5	3	10

한빛이네 모둠 학생들이 연주할 수 있는 악기별 학생 수

5		○	
4		○	
3		○	○
2	○	○	○
1	○	○	○
학생 수(명) / 악기	플루트	피아노	바이올린

1 한빛이네 모둠 학생은 모두 몇 명일까요?

( )

2 가장 많은 학생들이 연주할 수 있는 악기는 무엇일까요?

( )

3 위 그래프를 보고 알 수 있는 내용이면 ○표, 아니면 ✕표 하세요.

> 한빛이가 연주할 수 있는 악기는 플루트입니다.

( )

지현이네 모둠 학생들이 좋아하는 과일을 조사하여 표와 그래프로 나타냈습니다. 물음에 답하세요. [4~6]

지현이네 모둠 학생들이 좋아하는 과일별 학생 수

과일	사과	포도	딸기	합계
학생 수(명)	2	4	3	9

지현이네 모둠 학생들이 좋아하는 과일별 학생 수

4		○	
3		○	○
2	○	○	○
1	○	○	○
학생 수(명) / 과일	사과	포도	딸기

4 가장 적은 학생들이 좋아하는 과일은 무엇일까요?

( )

5 알맞은 말에 ○표 하세요.

> 지현이네 모둠 학생 수가 모두 몇 명인지 알아보기 편리한 것은 (표 , 그래프)입니다.

6 좋아하는 학생 수가 딸기보다 많은 과일은 무엇일까요?

( )

5 표와 그래프로 나타내 볼까요

유진이네 모둠 학생들의 혈액형을 조사하였습니다. 물음에 답하세요. [1~2]

유진이네 모둠 학생들의 혈액형

1 조사한 자료를 보고 표로 나타내 보세요.

유진이네 모둠 학생들의 혈액형별 학생 수

혈액형	A형	B형	O형	AB형	합계
학생 수(명)					

2 위 **1**의 표를 보고 /을 이용하여 그래프로 나타내 보세요.

유진이네 모둠 학생들의 혈액형별 학생 수

3				
2				
1				
학생 수(명) / 혈액형	A형			

어느 해 8월의 일부 날씨를 조사하였습니다. 물음에 답하세요. [3~4]

8월

일	월	화	수	목	금	토
				1 ☀	2 ☁	3 ☁
4 ☀	5 ☀	6 ☁	7 🌧	8 🌧	9 ☁	10 🌧
11 ☁	12 🌧	13 🌧	14 ☁	15 🌧	16 ☀	17 ☀

3 조사한 자료를 보고 표로 나타내 보세요.

8월의 일부 날씨별 날수

날씨	☀ 맑음	☁ 흐림	🌧 비	합계
날수(일)				

4 위 **3**의 표를 보고 ○를 이용하여 그래프로 나타내 보세요.

8월의 일부 날씨별 날수

3			
2			
1			
날수(일) / 날씨	맑음		

▶ 정답과 풀이 30쪽

1 무늬에서 색깔과 모양의 규칙을 찾아볼까요

⊕ 무늬에서 규칙을 찾아 써 보세요. [1~3]

1

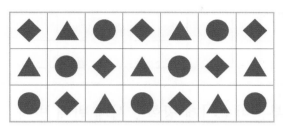

⇨ ◇, ☐, ☐ 이 반복됩니다.

2

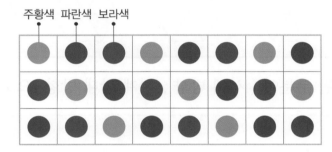

⇨ 주황색, ☐, ☐ 이 반복됩니다.

3

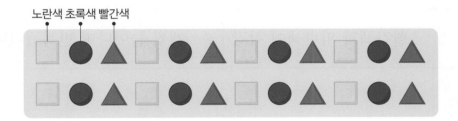

• 모양은 ☐, ☐, ☐ 이 반복됩니다.

• 색깔은 노란색, ☐, ☐ 이 반복됩니다.

2 무늬에서 방향과 수의 규칙을 찾아볼까요

규칙을 찾아 알맞은 말에 ◯표 하세요. [1~2]

1

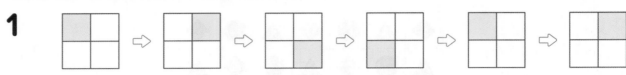

색칠된 부분이 (시계 방향 , 시계 반대 방향)으로 돌아갑니다.

2

색칠된 부분이 (시계 방향 , 시계 반대 방향)으로 돌아갑니다.

규칙을 찾아 ☐ 안에 알맞은 수를 써넣으세요. [3~4]

3

빨간색과 파란색이 각각 ☐ 개씩 늘어나며 반복됩니다.

4

노란색과 초록색이 반복되고 초록색이 반복될 때마다 ☐ 개씩 늘어납니다.

▶ 정답과 풀이 **30**쪽

3 쌓은 모양에서 규칙을 찾아볼까요

쌓기나무를 쌓은 규칙을 찾아 써 보세요. [1~4]

1

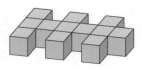

쌓기나무의 수가 왼쪽에서 오른쪽으로 3개, ⬜개씩 반복됩니다.

2

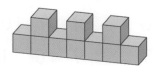

쌓기나무의 수가 왼쪽에서 오른쪽으로 | 개, ⬜개씩 반복됩니다.

3

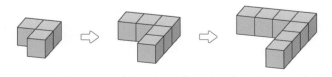

쌓기나무가 왼쪽과 앞으로 각각 ⬜개씩 늘어납니다.

4

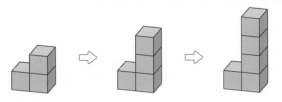

오른쪽에 있는 쌓기나무 위에 쌓기나무가 ⬜개씩 늘어납니다.

4 덧셈표에서 규칙을 찾아볼까요

 덧셈표를 보고 물음에 답하세요. [1~4]

+	0	1	2	3	4	5	6	7	8	9
0	0	1	2	3	4	5	6	7	8	9
1	1	2	3	4	5	6	7	8	9	10
2	2	3	4	5	6	7	8	9	10	11
3	3	4	5	6	7	8	9	10	11	12
4	4	5	6	7	8	9	10	11	12	13
5	5	6	7	8	9	10	11	12	13	14
6	6	7	8	9	10	11	12			
7	7	8	9	10	11	12	13			16
8	8	9	10	11	12	13	14		16	17
9	9	10	11	12	13	14	15	16	17	18

1 빈칸에 알맞은 수를 써넣으세요.

2 ▨으로 색칠한 수는 아래로 내려갈수록 몇씩 커질까요?

( )

3 ▨으로 색칠한 수는 오른쪽으로 갈수록 몇씩 커질까요?

( )

4 ▨으로 색칠한 수는 ↘ 방향으로 갈수록 몇씩 커질까요?

( )

5 곱셈표에서 규칙을 찾아볼까요

🔍 곱셈표를 보고 물음에 답하세요. [1~4]

×	1	2	3	4	5	6	7	8	9
1	1	2	3	4	5	6	7	8	9
2	2	4	6	8	10	12	14	16	18
3	3	6	9	12	15	18	21	24	27
4	4	8	12	16	20	24			
5	5	10	15	20	25	30	35		
6	6	12	18	24	30	36	42	48	
7	7	14	21	28	35	42	49	56	63
8	8	16	24	32	40	48	56	64	72
9	9	18	27	36	45	54	63	72	81

1 빈칸에 알맞은 수를 써넣으세요.

2 ▨으로 색칠한 수는 아래로 내려갈수록 몇씩 커질까요?

( )

3 ▨으로 색칠한 수는 오른쪽으로 갈수록 몇씩 커질까요?

( )

4 ☐ 안에 알맞은 수를 써넣으세요.

> 6단 곱셈구구에 있는 수는 아래로 내려갈수록 ☐씩 커집니다.

정답과 풀이 **30**쪽

6 생활에서 규칙을 찾아볼까요

🔍 어느 해의 12월 달력입니다. ▢ 안에 알맞은 수를 써넣으세요. [1~3]

12월

일	월	화	수	목	금	토
					1	2
3	4	5	6	7	8	9
10	11	12	13	14	15	16
17	18	19	20	21	22	23
24	25	26	27	28	29	30
31						

1 월요일은 ▢일마다 반복됩니다.

2 같은 줄에서 오른쪽으로 갈수록 ▢씩 커집니다.

3 같은 줄에서 아래로 내려갈수록 ▢씩 커집니다.

4 승강기 안의 버튼에 있는 수의 규칙을 찾아 써 보세요.

같은 줄에서 위로 올라갈수록 ▢씩 커집니다.

교과서 개념 잡기 교과서 내용을 쉽고 빠르게 학습하여 개념을 꽉! 잡아줍니다.

대표전화 1544-0554
주소 경기도 과천시 과천대로2길 54
협의 없는 무단 복제는 법으로 금지되어 있습니다.